天然气采输作业硫化氢防护

重 庆 安 全 工 程 学 院　组　编

廖仕孟　邹碧海　王以朗　朱　进　谢代安　编　著

内 容 简 介

　　《天然气采输作业硫化氢防护》是根据安全生产相关的法律法规及标准的要求,需对硫化氢作业环境从业人员进行专项培训施行,借鉴了油气田公司的新成果和经验,内容丰富并贴近现实。本书主要介绍了采输作业中硫化氢危害因素、作业过程防护、监测监控、救护及应急管理等基本知识。

　　本书具有较强的针对性、实用性和可操作性,可作为硫化氢作业环境从业人员培训的专业教材,也可供相关专业技术及管理人员参考。

图书在版编目(CIP)数据

　　天然气采输作业硫化氢防护/廖仕孟,邹碧海等编著.—重庆:
重庆大学出版社,2013.2(2014.5 重印)
　　ISBN 978-7-5624-7183-7

　　Ⅰ.①天… Ⅱ.①廖…②邹… Ⅲ.①采气—硫化氢—防护
Ⅳ.①TE38

　　中国版本图书馆 CIP 数据核字(2013)第 005364 号

天然气采输作业硫化氢防护

廖仕孟　邹碧海　王以朗　朱　进　谢代安　编著

责任编辑:鲁　黎　　　版式设计:鲁　黎
责任校对:刘　真　　　责任印制:赵　晟

*

重庆大学出版社出版发行
出版人:邓晓益
社址:重庆市沙坪坝区大学城西路 21 号
邮编:401331
电话:(023)88617190　88617185(中小学)
传真:(023)88617186　88617166
网址:http://www.cqup.com.cn
邮箱:fxk@cqup.com.cn(营销中心)
全国新华书店经销
重庆升光电力印务有限公司印刷

*

开本:787×1092　1/16　印张:11.75　字数:185 千
2013 年 2 月第 1 版　　2014 年 5 月第 2 次印刷
印数:13 001—14 000
ISBN 978-7-5624-7183-7　定价:18.00 元

前言

　　全世界各大产油国几乎都含有 H_2S 气藏。据统计，美国南得克萨斯气田的硫化氢含量高达 98％，加拿大阿尔伯达的气田硫化氢含量为 81％；俄罗斯、伊朗、法国等国都有不同硫化氢含量的气田。因此，含硫化氢气藏的开发已成为天然气开采的重要组成部分。我国也有不少气田含有 H_2S 气体，部分气田 H_2S 含量极高，如川东卧龙河气田三叠系气藏最高硫化氢含量达 32％，河北晋州市赵兰庄气田硫化氢含量达 92％。还有一些气田不仅 H_2S 含量较高，还含有 CO_2 等气体。

　　硫化氢是天然气集输过程中常见的有毒有害气体，其毒性主要作用于人体中枢神经系统和呼吸系统。硫化氢具有分布广、毒性大，发生中毒事故比例高等特点，因此我们必须高度重视采气作业硫化氢的防护。

　　为了做好硫化氢中毒事故的预防工作，编写了本教材。本书分为 6 章，第 1 章基础知识、第 2 章采输作业中硫化氢危害因素分析、第 3 章天然气采输作业硫化氢防护、第 4 章急性硫化氢中毒的急救、第 5 章硫化氢检测与防护设备、第 6 章硫化氢事故应急管理，后面附有典型案例。

　　硫化氢环境相关工作人员应了解硫化氢的分布，熟知预防硫化氢中毒的基本知识，正确使用硫化氢防护器材及检测器具，掌握现场急救常识并能熟练应用。

本教材旨在用来对天然气作业员工的培训，也可作为相关工作人员的学习手册、参考资料。

本教材主要编写人员陈美宝、韩松、鲁宁、廖仕孟、马爱霞、邹碧海、王以朗、谢代安、徐春碧、赵一姝、赵世林、朱进（按姓氏排名，不分先后）。

在本教材编写过程中，得到了西南油气田公司安全环保处的大力支持和专家们的热情帮助。由于时间仓促，水平有限，难免存在错误及不足之处，恳请广大读者批评指正。

编　者

2013 年 2 月

目录

第 **1** 章
基础知识

　　我国现已开发的油气田不同程度地含有硫化氢气体,甚至有的含量极高。至2007年底,我国累计探明高含硫天然气储量已超过 $7\,000 \times 10^8\ m^3$,约占探明天然气总储量的 1/6,主要分布在四川盆地川东北地区和渤海湾盆地,如普光、罗家寨、渡口河气田和赵兰庄气田,含硫化氢气田约占已开发气田的 78.6%,其中卧龙河气田三叠系气藏最高硫化氢含量达 32%,河北晋州市赵兰庄气田硫化氢含量高达 92%。

　　硫化氢是一种无色、剧毒、强酸性气体,一旦高含硫化氢气井发生井喷失控等造成含硫天然气泄露,可能导致灾难性的后果。硫化氢不仅严重威胁着人们的生命安全,而且还会给企业造成严重的经济损失,影响企业的生产安全和安全发展。因此确保人身安全,杜绝硫化氢事故的发生,就必须了解硫化氢气体的性质、危害,编制、实施硫化氢事故应急预案,掌握硫化氢中毒的基本方法及现场急救知识。

1.1　天然气基础知识

　　天然气是指自然生成,在一定压力下蕴藏于地下岩层孔隙或裂隙中的以低分子饱和烃为主的烃类气体和少量非烃类气体组成的低相对密度、低黏度的混合气体。天然气是一种高效优质清洁能源,用途越来越广泛,需求不断增加。20世纪90年代以来,天然气开发利用在世界能源结构中稳步上升,我国对天然气的开发和利用也不断增加。

一般而言,常规天然气中甲烷占绝大多数,乙烷、丁烷、戊烷、庚烷以上的烷烃含量极少,此外,还含有少量的非烃气体,主要有硫化氢、二氧化碳、一氧化碳、氮气、氢气和水蒸气,以及硫醇、硫醚、二硫化碳、羟基硫、噻吩等有机硫化物,有时也含有微量的稀有气体,如氦、氩等。在大多数天然气中还存在微量的不饱和烃、如乙烯、丙烯、丁烯等。

1.1.1 天然气的分类

国内外学者从地质勘探角度根据气体中硫化氢的含量提出了不同标准的分类方案。

从天然气净化和处理角度出发,根据不同的原则,有以下几种天然气的分类方法。

1. 按生成条件分类

(1)生物气

在尚未固结成岩石的现代沉积淤泥中,有机质在细菌的作用下,可生成以甲烷为主的天然气,俗称沼气。

(2)早期成岩气

沉积物中的有机质在其埋藏深度尚未达到生成石油深度以前,一部分腐殖型的有机质即可开始生成甲烷气。

(3)油型气

有机质进入生成石油深度以后,除大量生成石油外,同时也伴随着生成天然气。随着埋藏深度的不断增加,生成的天然气也逐渐增加,而生成的石油却逐渐减少,直到生成的全部都是干气,即甲烷气时,就停止了生油。

(4)煤层气

含有煤层的沉积岩层叫做煤系地层,煤层气就是指煤系地层在时间和温度的作用下生成的天然气,其主要成分也是甲烷。从找油来说,煤层气不是勘探对象,但从寻找可燃气体为能源来说,煤层气也不应忽视,因为使用的手段、方法和形成气藏的地质条件大体都和找油、找油型气一样。

（5）无机成因的天然气

由火成岩或地热所产生的气体,如二氧化碳、甲烷、硫化氢等。

2. 按天然气的烃类组成分类

（1）C_5 界定法——干、湿气的划分

干气:压力为 0.1 MPa,20 ℃条件下,1 m^3 井口天然气中 C_5 以上烃液含量低于 13.5 cm^3 的天然气。

湿气:压力为 0.1 MPa,20 ℃条件下,1 m^3 井口天然气中 C_5 以上烃液含量高于 13.5 cm^3 的天然气。

（2）C_3 界定法——贫、富气的划分

贫气:每 1 m^3（标准状态下）井口流出物中,C_3 以上烃液含量低于 94 cm^3 的天然气。

富气:每 1 m^3（标准状态下）井口流出物中,C_3 以上烃液含量高于 94 cm^3 的天然气。

（3）按酸气含量分类

按酸气含量多少可把天然气分为酸性天然气和洁气。

酸性天然气是指含有显著量的硫化物和 CO_2 等酸性气体,需要进行净化处理才能达到管输标准或商品气气质标准的天然气。

洁气是指硫化物含量甚微或根本不含硫化物的天然气,其不需要净化就可外输和利用。

由此可见酸性天然气和洁气的划分采取了模糊的判据,而具体的数值并无统一的标准。在我国,由于对 CO_2 的净化要求不严格,而一般将硫含量为20 mg/m^3 作为界定指标,把硫含量高于 20 mg/m^3 的天然气称为酸性天然气,把酸气含量高至一定程度的天然气称为高酸性天然气,否则为洁气。

1.1.2 天然气的性质

1. 密度与相对密度

在标准状态下,天然气相对密度一般为 0.5～0.7;油田伴生气因重组分含量较高,相对密度可能大于 1,但绝大部分天然气均比空气轻。

2. 含水量和水露点

单位体积的天然气中所含水蒸气的质量称为天然气的含水量,单位为 g/m^3

（标准状态下）。在一定的温度和压力下,一定体积的天然气所含的水蒸气量存在一个最大值。当含水量等于最大值时,天然气中的水蒸气达到饱和状态。饱和状态时的含水量称为天然气的饱和含水量。

在一定条件下,与天然气的饱和含水量对应的温度值称为天然气的水露点。含水量与温度和压力有关,在一定条件下,当含水量超过一定值（饱和）时,则形成水合物,堵塞管道或压力表测压孔等。另外,液态水的存在,会加快管线腐蚀,故必须控制含水量。《天然气》(GB 17820—1999)中规定,气田油田采出经预处理后通过管道输送的商品天然气,在天然气交接点的压力和温度条件下,天然气的水露点应比最低环境温度低 5 ℃。

3. 热值

天然气的热值是一项重要的热力学特性,广泛应用于科技及工程领域,在经营管理方面也起着十分重要的作用。一些发达国家均以燃气的热值作为销售定价的基础数据,并以此立法监督燃气的热值,确保各类品种的燃气热值稳定。另一方面各类费用定额都以燃气的热值作为生产成本计算的依据。因此,各发达国家在燃气应用方面都精确地控制燃气的热值,其政府也相应制定和颁布了该国的燃气热值标准计算方法。

我国由于历史原因一直以低热值作为燃气应用和计算的指标,城市燃气销售长久以来则一直以流量为基础,气价基本以低热值作参照制定。各类企业和商业行业用户,在成本管理的过程中也没有引入或建立以热值为基准的热平衡模式。《天然气》(GB 17820—1999)中只规定了天然气的高位发热量应大于31.4 MJ/m³。

4. 着火温度

可燃气体与空气混合物在没有火源作用下被加热而引起自燃的最低温度。按照谢苗诺夫(Semenow N.)的理论,着火温度不是可燃混合物的物理常数,它与混合物和外部介质的换热条件有关。可燃气体在氧气中的着火温度一般比空气中的着火温度低 50～100 ℃。天然气在空气中的最低着火温度约为 530 ℃,天然气的着火温度取决于其在空气中的浓度,也和天然气与空气的混合程度、压力、炉膛的尺寸以及天然气、空气的温度等因素有关。

5. 爆炸极限

可燃气体在空气中浓度达到一定比例范围时,遇火源就会发生燃烧或爆炸,这个比例范围就称为爆炸极限。天然气的爆炸极限分为爆炸上限和爆炸下限。

当天然气中 CH_4 的含量＞95％时,天然气的爆炸浓度极限可直接选取 CH_4 爆炸极限,为 5.0％～15.0％。

1.1.3 含硫天然气分布情况

高含硫天然气全球资源量巨大,据统计,仅北美以外的地区 H_2S 含量大于 10％的天然气储量就超过 $9.8×10^{12}$ m^3,CO_2 含量大于 10％的天然气储量超过 $18.23×10^{12}$ m^3。目前,全球已发现 400 多个具有工业价值的高含硫气田,主要分布在加拿大、美国、法国、德国、俄罗斯、中国等国家和中东地区。

加拿大是高含硫气田较多的国家,其储量占全国天然气总储量的 1/3 左右,主要分布在落基山脉以东的内陆台地。阿尔伯达省有 30 多个高含硫气田,天然气中 H_2S 的平均含量约为 9％,如卡罗琳气田,H_2S 和 CO_2 含量分别为 35％和 7％;卡布南气田,H_2S 和 CO_2 含量分别为 17.7％和 3.4％;莱曼斯顿气田,H_2S 和 CO_2 含量分别为 5％～17％和 6.5％～11.7％;沃特棠气田,H_2S 和 CO_2 含量分别为 15％和 4％,这 4 个气田是加拿大典型的高含 H_2S 和 CO_2 气田,探明储量近 $3\,000×10^8$ m^3。

俄罗斯气田中含硫天然气探明储量接近 $5×10^{12}$ m^3,主要集中在阿尔汉格尔斯克州,分布于乌拉尔—伏尔加河沿岸地区和滨里海盆地,其中,奥伦堡气田可采储量近 $1.84×10^{12}$ m^3,气体组分中 H_2S 和 CO_2 含量分别为 24％和 14％。

此外,美国、法国和德国等气田都探明有高含硫气田,典型的大型高含硫气田有:美国的特尼谷卡特溪气田,探明天然气储量近 $1\,500×10^8$ m^3;法国的拉克气田,探明天然气储量近 $3\,226×10^8$ m^3;德国的南沃而登堡气田,探明天然气储量近 $400×10^8$ m^3。

我国含硫天然气资源十分丰富,至 2007 年底,累计探明高含硫天然气储量已超过 $7\,000×10^8$ m^3,约占探明总储量的 1/6,主要分布在四川盆地川东北地区和渤海湾盆地,如普光、罗家寨、渡口河气田和赵兰庄气藏等。

1.2 硫化氢基础知识

1.2.1 硫化氢的来源

硫化氢来源主要有 3 种途径:

1. 天然存在

比如,油气田、矿藏、火山、地质开发等过程。

2. 有机物腐烂

比如,渔工业、制革厂、肥料加工、城市下水道、酿酒厂及垃圾掩埋等过程。

3. 化学加工过程

比如,催化剂、毛毡料加工、沥青铺设等过程。

在天然气采输作业过程中,硫化氢主要源于以下途径:

①随产液产出、气田水及天然气释放。

②微生物滋生产生硫化氢、含硫天然气释放带来硫化氢中毒、腐蚀危害集输。

③井口输出的高含硫天然气,通过井场管线、气体处理 硫、硫化铁的危害设备以及集输系统 硫沉积于产层降低地层渗透率,直接影响气井产能。

④检修管道残余气田水释放、沉积在井筒及管道或设备中会造成堵塞。

⑤场站含硫天然气泄漏。

1.2.2 硫化氢防护常用名词

1. 含硫化氢天然气

这类天然气是指天然气的总压等于或大于 0.4 MPa,而且该天然气中硫化氢分压等于或大于0.000 3 MPa;或硫化氢含量大于 75 mg/m³(50 ppm)的天然气。

2. 酸性天然气—油系统

含硫化氢天然气—油系统是否属于酸性天然气—油系统按有关条件划分。

(1)当天然气与油之比大于 1 000 m³/t 时,按含硫化氢天然气条件划分

(2)当天然气与油之比小于 1 000 m³/t 时:

①若系统的总压力大于 1.8 MPa,则按含硫化氢天然气的条件划分

②若系统的总压力等于或小于 1.8 MPa,天然气中硫化氢分压大于 0.07 MPa 或硫化氢体积分数大于 15％时,则为酸性天然气－油系统。

（3）阈限值(threshold limit value)

阈限值指几乎所有工作人员长期暴露都不会产生不利影响的某种有毒物质在空气中的最大浓度。硫化氢的阈限值为 15 mg/m³(10 ppm)。阈限值为硫化氢检测的一级报警值。

（4）安全临界浓度(safety critical concentration)

工作人员在露天安全工作 8 h 可接受的最高浓度。《海洋石油作业硫化氢防护安全要求》中硫化氢的安全危险临界浓度为 30 mg/m³(20 ppm)。

说明:安全临界浓度,通常认为是允许的浓度,被认为所有工作人员在此浓度中暴露工作 8 h 能适应的环境,只是个别人敏感性较强,会感到不适。当人们失去嗅觉后,往往会产生错误的安全感。在有硫化氢的现场中,往往不易控制,且空气中含硫化氢的浓度有时变化是很快的,为了人员的安全和健康,采取安全防护措施是适宜的。

（5）危险临界浓度(dangerous threshold limit value)

达到此浓度时,对健康产生不可逆转的或延迟性的影响。《海洋石油作业硫化氢防护安全要求》中硫化氢的危险临界浓度为 150 mg/m³(100 ppm)。

说明:指在一定时间内,吸入此浓度的气体可导致死亡。

（6）可接受的上限浓度(ACC,acceptable ceiling concentration)

在每班 8 h 工作任意时间内,人员可以处于空气污染物低于该浓度的工作环境,但高于此时,应规定一个可承受的最高峰值和相应的时间。

（7）立即威胁生命和健康的浓度(IDLH,immediately dangerous to life and health)

有毒、腐蚀性的、窒息性的物质在大气中的浓度,达到该浓度会立刻对生命产生威胁或对健康产生不可逆转的或延迟性的影响或影响人员逃生能力。

美国国家职业与健康安全协会的推荐硫化氢浓度为 450 mg/m³(300 ppm),二氧化硫浓度为 270 mg/m³(100 ppm),氧气 16％。

（8）允许暴露极限(PEL,permissible exposure limit)

相关国家标准中规定的吸入暴露极限值。这些极限可以以 8 h 时间加权平均数(TWA)、最高限值或 15 min 短期暴露极限(STEL)表示。PEL 可以变化,用户宜查阅相关国家标准的最新版本作为使用依据。

OSHA 推荐:20 ppm 的 H_2S 为可接受浓度上限,50 ppm 为 8 h 中可接受的最高峰值。

ACGIH 推荐的极限值:10 ppm(8 h TWA),短期暴露极限是 15 min 内平均达到 15 ppm。每天短期暴露不能超过 4 次,而且两次之间的时间间隔要大于 60 min。对于外大陆架的油气生产操作,瞬间的暴露值超过 20 ppm 时,要求使用符合美国内务部的矿业管理最终规定。

(9)呼吸区(breathing zone)

肩部正前方直径在 15.24~22.86 cm(即 6~9 in,1 in=2.54 cm)的半球型区域。

(10)封闭设施(enclosed facility)

说明:一个至少有 2/3 的投影平面被密闭的三维空间,并留有足够尺寸保证人员进入。对于典型建筑物,意味着 2/3 以上的区域有墙、天花板和地板。

(11)不良通风(no adequately ventilated)

通风(自然或人工)无法有效地防止大量有毒或惰性气体聚集,从而形成危险。

说明:这里指不良通风造成硫化氢浓度达到或超过 15 mg/m³(10 ppm)。

(12)就地庇护所(shelter-in-place)

就地庇护所是指通过让居民待在室内直至紧急疏散人员到来或紧急情况结束,避免暴露于有毒气体或蒸气环境中的公众保护措施。

说明:针对有害化学气体扩散后,可能造成损害,指定就地庇护所让受到硫化氢泄漏威胁人员临时性地停留在里面,等待救援。

(13)氢脆(hydrogen embitterment)

化学腐蚀产生的氢原子,在结合成氢分子时体积增大,致使低强度钢和软钢发生氢鼓泡、高强度钢产生裂纹,使钢材变脆。

(14)硫化物应力腐蚀开裂(sulfide stress corrosion cracking)

钢材在足够大的外加拉力或残余张力下,与氢脆裂纹同时作用发生的破裂。

(15)硫化氢分压(hydrogen sulfide factional pressure)

该分压是指在相同温度下,一定体积天然气中所含硫化氢单独占有该体积时所具有的压力。

（16）含硫化氢天然气（nature gas with hydrogen sulfide）

这类天然气是指天然气的总压等于或大于 0.4 MPa（60 psia），而且该气体中硫化氢分压等于或高于0.000 3 MPa；或 H_2S 含量大于 75 mg/m^3（50 ppm）的天然气。

（17）受限空间（confined spaces）

受限空间是指具有已知或潜在危险和有限的出入口结构。

（18）工业动火（hot work）

工业动火是指在油气、易燃易爆危险区域内和油（气）容器、管线、设备或盛装过易燃易爆物品的容器上，进行焊割、加热、加温、打磨等能直接或间接产生明火的施工作业。

（19）石油天然气站场（petroleum and gas station）

它是具有石油天然气收集、净化处理、储运功能的站、库、厂、油气井的统称，简称油气站场或站场。

（20）最大许用操作压力（maximum allowable operating pressure，MAOP）

它是容器、管道内的油品、天然气处于稳态（非瞬态）时的最大允许操作压力。

（21）现场避难所

如图 1.1 所示，现场避难所是指通过居民待在室内直至紧急疏散人员到来或紧急情况结束，避免暴露于有毒气体或蒸气环境中的公众保护措施。

图 1.1 国内的现场避难所标志

1.2.3 硫化氢的基本信息

1.硫化氢的理化性质

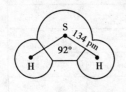

图 1.2 H_2S 分子结构示意图

硫化氢（H_2S）是一种剧毒、无色（透明），比空气重的气体。硫化氢分子是由两个氢原子和一个硫原子组成，它的相对分子质量为 34.08。H_2S 分子结构成等腰三角形，H—S 键长为 134 pm，键角为 92°，如图 1.2 所示。

（1）硫化氢基本性质

硫化氢基本性质见表1.1。

表1.1 硫化氢基本性质表

	中文名	硫化氢	英文名	Hydrogen sulfide
标识	化学式	H_2S	分子量	34
	ICSC 编号	0165	IMDG 规则页码	2151
	CAS 号	7783-06-4	RTECS 号	MX1225000
	UN 编号	1053	危险货物编号	21006
	EC 编号	016-001-00-4		
理化性质	外观与性状	无色有臭鸡蛋味气体。		
	溶解性	易溶于水、醇类、石油溶剂和原油中。		
	主要用途	用于化学分析，如鉴定金属离子。		
	熔点（℃）	−85.5	相对密度（水=1）	无资料
	沸点（℃）	−60.4	相对密度（空气=1）	1.19
	饱和蒸汽压（kPa）	2 026.5（25.5 ℃）		
	临界温度（℃）	100.4	临界压力（MPa）	9.01
毒性及健康危害	接触限值	中国 MAC	10 mg/m³	
		前苏联 MAC	10 mg/m³	
		美国 TWA	OSHA 20 ppm,28 mg/m³（上限值） ACGIH 10 ppm,14 mg/m³	
		美国 STEL	ACGIH15 ppm,21 mg/m³	
	侵入途径	吸入,经皮吸收		
	毒性	LC_{50}:444 ppm（大鼠吸入）		
	健康危害	①H_2S为强烈的神经性毒物,对黏膜有强烈的刺激作用 ②高浓度时可直接抑制呼吸中枢,引起迅速窒息而死亡 ③长期接触低浓度的硫化氢,引起神衰征候群及神经紊乱等症状		
燃烧爆炸危险性	燃烧性	易燃	建规火险等级	甲
	闪点（℃）	＜−50	爆炸下限（v%）	4.3
	自然温度（℃）	260	爆炸上限（v%）	46.0
	稳定性	稳定	燃烧产物	二氧化硫
	禁忌物	强氧化剂、碱类	聚合危害	不会出现
	危险特性	①与空气混合能形成爆炸性混合物,当在爆炸极限范围内遇明火、高热能引起燃烧爆炸 ②若遇高热,容器内压增大,有开裂和爆炸的危险		

续表

	腐蚀性	①H_2S溶于水后形成弱酸,对金属的腐蚀形成有电化学腐蚀、氢脆和硫化物应力腐蚀开裂,以后两者为主,一般统称为氢脆破坏 ②一般性的均匀腐蚀材料在H_2S水溶液中发生电化学腐蚀,生成硫化铁腐蚀产物,这种腐蚀产物具有导电性能好、氢超电势小等特点,继而使基体构成一个十分活跃的电池,对基体继续腐蚀,此腐蚀产物和基体结合力差,易脱落,造成钢材减薄 ③根据美国腐蚀工程师协会 MR-01-75 或《天然气地面设施抗硫化物应力开裂金属材料要求》(SY 0599—1997),如果含硫天然气总压等于或大于 0.448 MPa,H_2S分压等于或大于 0.343 kPa,就可能发生硫化物应力腐蚀开裂
燃烧爆炸危险性	灭火方法	①立即切断气源 ②若不能立即切断气源,则不允许熄灭正在燃烧的气体 ③喷水冷却容器,如果可能应将容器从火场移至空旷处 ④采用雾状水、泡沫灭火器和二氧化碳灭火器等

注:ICSC(International Chemical Safety Card):国际化学品安全卡顺序号;

CAS(Chemical Abstract Service):美国化学文摘对化学物质登录检索服务号;

UN(United Nation):联合国《关于危险货物运输建议书》对危险货物制定的编号;

EC(European Community):欧共同体《欧洲现有商业化学物质名录》中对物质的登录号;

IMDG(International Martitime Dangerous Goods):国际海事组织编制的《国际海上危险货物运输规则》的危险货物信息页码;

RTECS(Registry of Toxic Effects of Chemical Substances):美国毒物登记系统注册登记号。

(2)硫化氢臭鸡蛋味的"嗅觉麻痹"作用

硫化氢的臭鸡蛋味并不能作为辨识硫化氢泄露或存在的依据,因为硫化氢具有"嗅觉麻痹"作用,硫化氢出现一小段时间后,硫化氢臭鸡蛋味便"消失",主要发生在硫化氢浓度达 150 ppm 及以上的时候。

(3)硫化氢的爆炸极限

硫化氢是一种爆炸性气体,当与空气混合能形成爆炸性混合物会发生爆炸,其爆炸极限为 4.3%～45.5%。

(4)硫化氢逃生知识

硫化氢是一种无色有臭鸡蛋味比空气重的气体,易在低洼处聚积,进行硫化氢防护时应往高处跑,并且应在逆风方向。

2.硫化氢的毒性

(1)硫化氢毒性简介

硫化氢是剧毒物质,其毒性和氰化物相似,人吸入 LCL0:600 ppm/30 M,800 ppm/5 M,人(男性)吸入 LCL0:5 700 $\mu g/kg$,大鼠吸入 LC50:444 ppm,小鼠

吸入 LC50：634 ppm 1 h。

硫化氢主要经呼吸道吸收，进入体内一部分很快氧化为无毒的硫、酸盐和硫代硫酸盐等经尿排出；一部分游离的硫化氢则经肺排出，无体内蓄积作用。

低浓度的硫化氢气体能溶解于黏膜表面的水分中，与钠离子结合生成硫化钠，对黏膜产生刺激，引起局部刺激作用如眼睛刺痛、怕光、流泪、咽喉痒和咳嗽。

吸入高浓度的硫化氢可出现头昏、头痛、全身无力、心悸、呼吸困难、口唇及指甲青紫等现象。严重者可出现抽筋，并迅速进入昏迷状态。常因呼吸中枢麻痹而致死。

人吸入 70～150 mg/m³ 1～2 h，出现呼吸道及眼刺激症状；吸 2～5 min 后嗅觉疲劳，不再闻到臭气。

人吸入 300 mg/m³ 1 h，6～8 min 出现眼急性刺激症状，稍长时间接触引起肺水肿。

人吸入 760 mg/m³ 15～60 min，发生肺水肿、支气管炎及肺炎，头痛、头昏、步态不稳、恶心、呕吐。

吸入 1 000 mg/m³ 数秒钟，很快出现急性中毒，呼吸加快后呼吸麻痹而死亡。

（2）硫化氢中毒的发病机制

硫化氢是一种神经毒剂，亦为窒息性和刺激性气体。其毒作用的主要靶器官是中枢神经系统和呼吸系统，亦可伴有心脏等多器官损害，对毒作用最敏感的组织是脑和黏膜接触部位。硫化氢对黏膜的局部刺激作用是由接触湿润黏膜后分解形成的硫化钠以及本身的酸性所引起。对机体的全身作用为硫化氢与机体的细胞色素氧化酶及这类酶中的二硫键（—S—S—）作用后，影响细胞色素氧化过程，阻断细胞内呼吸，导致全身性缺氧，由于中枢神经系统对缺氧最敏感，因而首先受到损害。但硫化氢作用于血红蛋白，产生硫化血红蛋白而引起化学窒息，仍认为是主要的发病机理。急性中毒早期，实验观察脑组织细胞色素氧化酶的活性即受到抑制，谷胱甘肽含量增高，乙酰胆碱酯酶活性未见变化。

（3）硫化氢对主要器官的致病机理

①血中高浓度硫化氢可直接刺激颈动脉窦和主动脉区的化学感受器，致反射性呼吸抑制。

②硫化氢可直接作用于脑，低浓度起兴奋作用；高浓度起抑制作用，引起昏迷、呼吸中枢和血管运动中枢麻痹。因硫化氢是细胞色素氧化酶的强抑制剂，能

与线粒体内膜呼吸链中的氧化型细胞色素氧化酶中的三价铁离子结合,而抑制电子传递和氧的利用,引起细胞内缺氧,造成细胞内窒息。因脑组织对缺氧最敏感,故最易受损。

以上两种作用发生快,均可引起呼吸骤停,造成电击样死亡。在发病初如能及时停止接触,则许多病例可迅速和完全恢复,可能因硫化氢在体内很快氧化失活之故。

③继发性缺氧是由于硫化氢引起呼吸暂停或肺水肿等因素所致血氧含量降低,可使病情加重,神经系统症状持久及发生多器官功能衰竭。

④硫化氢遇到眼和呼吸道黏膜表面的水分后分解,并与组织中的碱性物质反应产生氢硫基、硫和氢离子、氢硫酸和硫化钠,对黏膜有强刺激和腐蚀作用,引起不同程度的化学性炎症反应。加之细胞内窒息,对较深的组织损伤最重,易引起肺水肿。

⑤心肌损害,尤其是迟发性损害的机制尚不清楚。急性中毒出现心肌梗死样表现,可能由于硫化氢的直接作用使冠状血管痉挛、心肌缺血、水肿、炎性浸润及心肌细胞内氧化障碍所致。

急性硫化氢中毒致死病例的尸体解剖结果常与病程长短有关,常见脑水肿、肺水肿,其次为心肌病变。一般可见尸体明显发绀,解剖时发出硫化氢气味,血液呈流动状,内脏略呈绿色。脑水肿最常见,脑组织有点状出血、坏死和软化灶等;可见脊髓神经组织变性。电击样死亡的尸体解剖呈非特异性窒息现象。

(4)硫化氢的安全暴露极限和毒性等级

1)硫化氢气体的安全暴露限制

硫化氢是一种有毒气体,与它接触可以使人从极微弱的不舒适到死亡。我国石油勘探开发过程中对硫化氢的暴露制定了相应的规定,如《含硫化氢油气井安全钻井推荐作法》(SYT 5087—2005)、《石油天然气安全规程》(AQ 2012)等,这些规定对用来保护工作人员的生命安全是十分重要的:

①15 mg/m^3(1 ppm),几乎所有工作人员长期暴露在此浓度以下工作都不会产生不利影响的上限值,即阈限值。

②30 mg/m^3(20 ppm),工作人员暴露安全工作 8 h 可接受的硫化氢最高浓度,即安全临界浓度。

③150 mg/m^3(100 ppm),硫化氢达到此浓度时,对生命和健康会产生不可逆

转的或延迟性的影响,即危险临界浓度。

④450 mg/m³(300 ppm),硫化氢达到此浓度会立即对生命造成威胁,或对健康造成不可逆转的或滞后的不良影响,应将受影响人员撤离危险环境,此即对生命或健康有即时危险的浓度。

2)硫化氢的毒性等级(见表1.2)

表1.2 大气中H₂S的呼吸防护标准

序号	空气中的浓度			暴露于硫化氢的典型特性
	体积百分比	百万分之体积比 ppm(V)	mg/m³	
1	0.000 013	0.13	0.18	通常,在大气中含量为0.195 mg/m³(0.13 ppm)时有明显和令人讨厌的气味,在大气中含量为6.9 mg/m³(4.6 ppm)时就相当显而易见。随着浓度的增加,嗅觉就会疲劳,气体不再能通过气味来辨别
2	0.001	10	14.41	有令人讨厌的气味,眼睛可能受到刺激。美国政府工业卫生专家联合会推荐的阈限值(8 h加权平均值)
3	0.001 5	15	21.61	美国政府工业卫生专家联合会推荐的15 min短期暴露范围平均值
4	0.002	20	28.83	在暴露1 h或更长时间后,眼睛有灼烧感,呼吸道受到刺激,美国职业安全和健康局的可接受的上限值
5	0.005	50	72.07	暴露15 min或15 min以上的时间后嗅觉就会丧失,时间更长可能导致头痛、头晕和(或)摇晃。超过50 ppm将会出现肺水肿,也会对人的眼睛产生严重刺激或伤害
6	0.01	100	144.14	3~5 min就会出现咳嗽、眼睛受到严重刺激和失去嗅觉。在5~20 min过后,呼吸就会变样眼睛,就会疼痛并昏昏欲睡,1 h后就会刺激喉道。延长暴露时间将逐渐加重这些症状
7	0.03	300	432.40	明显的结膜炎和呼吸道刺激 注:考虑将此浓度定为立即危害生命或健康浓度,参见(美国)国家职业安全和健康学会《化学危险袖珍指南》DHHS NO85—114
8	0.05	500	720.49	短期暴露后就会不省人事,如果不迅速处理就会停止呼吸。头晕、失去理智和平衡感。需要迅速进行人工呼吸和(或)心肺复苏技术
9	0.07	700	1 008.55	意识快速丧失,如果不迅速营救,呼吸就会停止并导致死亡。必须立即采取人工呼吸和(或)心肺复苏
10	0.10+	1 000+	1 440.98+	知觉立刻丧失,结果将会产生永久性的脑伤害或脑死亡。必须迅速进行营救,应用人工呼吸和(或)心肺复苏

注1:表1.2中的数据只作为指导的近似值,公布的数据会稍微不同。

注2:资料来源于APIAP55(第二版,1995)表A.1。

（5）我国对硫化氢危害的描述

我国对硫化氢危害的描述见表 1.3。

表 1.3　我国对硫化氢危害的描述

H_2S(ppm)	危害程度
0.13~4.6	可嗅到臭鸡蛋味,一般对人体不产生危害
4.6~10	刚接触有刺热感,但会很快消失
10~20	我国临界浓度规定为 20 ppm,超过此浓度必须戴防毒面具
50	允许直接接触 10 min
100	刺激咽喉,3~10 min 会损伤嗅觉和眼睛,轻微头痛,接触 4 h 以上导致死亡
200	立即破坏嗅觉系统,时间稍长咽、喉将灼伤,导致死亡
500	失去理智和平衡,2~15 min 内出现呼吸停止,如不及时抢救,将导致死亡
700	很快失去知觉,停止呼吸,若不立即抢救将导致死亡
1 000	立即失去知觉,造成死亡,或永久性脑损,智力损残
2 000	吸上一口,将立即死亡,难以抢救

（6）硫化氢的暴露极限

美国职业安全与健康局（OSHA）规定硫化氢可接受的上限浓度（ACC）为 30 mg/m³（20 ppm）,75 mg/m³（50 ppm）为超过可接受的上限浓度（ACC）的每班 81,能接受的最高值。美国政府工业卫生专家联合会（ACGIH）推荐的阈限值为 15mg/m³（10 ppm）（8 h TWA）,15 min 短期暴露极限（STEL）为 22.5 mg/m³（15 ppm）。每天暴露于短期暴露极限（STEL）下的次数不应超过 4 次,连续 2 次间隔时间至少为 60 min。对于外大陆架的油气作业,即使偶尔短时间暴露于 30 mg/m³（20 ppm）的硫化氢环境,根据美国内政部矿产管理部门的规定,要求使用呼吸保护装置。硫化氢的职业暴露值如表 1.4 所示。

（7）硫化氢的生理影响

警示: 吸入一定浓度的硫化氢会伤害身体（参阅表 1.2）,甚至导致死亡。

硫化氢是一种剧毒、可燃气体,常在天然气生产、高含硫原油生产、原油馏分、伴生气和水的生产中可能遇到。因硫化氢比空气重,所以能在低洼地区聚集。硫化氢无色、带有臭鸡蛋味,在低浓度下,通过硫化氢的气味特性能检测到它的存在。但不能依靠气味来警示危险浓度,因为处于高浓度[超过 150 mg/m³（100 ppm）]的硫化氢环境中,人会由于嗅觉神经受到麻痹而快速失去嗅觉。长时间处于低硫化氢浓度的大气中也会使嗅觉灵敏度减弱。

表 1.4　硫化氢的职业暴露值

OSHA ACCs				ACGIH TLVs				NIOSH RELs			
ACC		ACC 以上的 8 h 最大峰值		TWA		ATEL		TWA		CEIL(C)	
ppm	mg/m³	ppm	mg/m³	ppm	mg/m³	ppm	mg/m³	ppm	mg/m³	ppm	mg/m³
20	30	50	75	10	15	15	22.5	N/A	N/A	C10	C15

ACC ACCs:可接受的上限浓度
TLV TLVs:阈限值
REL RELs:推荐的暴露值
TWA:8 h 加权平均浓度(不同加权平均重量计算方法见特定的参考资料)
STEL:15 min 内平均的短期暴露值
N/A:不适用的
CEIL(C):NIOSH 规定的 10 min 内平均的暴露值

警示:应充分认识到硫化氢能使嗅觉失灵,使人不能发觉危险性高浓度硫化氢的存在。

过多暴露于硫化氢中能毒害呼吸系统的细胞,会导致死亡。有事例表明血液中存在酒精能加剧硫化氢的毒性。即使在低浓度[15 mg/m³(10 ppm)～75 mg/m³(50 ppm)]时,硫化氢也会刺激眼睛和呼吸道。间隔时间短的多次短时低浓度暴露也会刺激眼、鼻、喉,低浓度重复暴露引起的症状常在离开硫化氢环境后的一段时间内消失。即使开始没有出现症状,频繁暴露最终也会引起刺激。

(8)呼吸保护

美国职业安全与健康局审查了呼吸器测试标准和呼吸器渗漏源,建议暴露于硫化氢含量超过 OSHA 规定的可接受的上限浓度的任何人都要佩戴正压式(供气式或自给式)带全面罩的个人呼吸设备。

3.硫化氢的分解性和燃烧性

①硫化氢在较高温度时,直接分解成氢气和硫。

$$H_2S \xrightarrow{\text{高温}} H_2 + S \qquad (1.1)$$

②硫化氢化学性质不稳定,是一种可燃气体,点火时能在空气中燃烧。在空气充足的条件下,硫化氢能完全燃烧发出淡蓝色的火焰,生成 SO_2。若氧气不足,硫化氢不完全燃烧,生成水和单质硫。

$$2H_2S + 3O_2 \xrightarrow{\text{燃烧}} 2H_2O + 2SO_2 \text{（空气充足）} \tag{1.2}$$

$$2H_2S + O_2 \xrightarrow{\text{燃烧}} 2H_2O + 2S \text{（氧气不足）} \tag{1.3}$$

在硫化氢中，硫处于最低化合价，是 -2 价，它能失去电子得到单质硫或高价硫的化合物。上述两个反应中，硫的化合价升高，发生氧化反应，硫化氢具有还原性。

硫化氢能使银、铜制品表面发黑。与许多金属离子作用，可生成不溶于水或酸的硫化物沉淀。它和许多非金属作用生成游离硫。

4. 硫化氢的浓度单位及换算

描述某种流体中的硫化氢浓度有以下三种方式：

（1）体积分数

体积分数是指硫化氢在某种流体中的体积比，单位为"‰"或"mL/m^3"，现场所用硫化氢监测仪器通常采用的单位是"ppm"，1 ppm＝1 mL/m^3。

（2）质量浓度

质量浓度是指硫化氢在 1 h 流体中的质量，常用 mg/m^3 或 g/m^3 表示，该单位为我国的法定计量单位。

（3）硫化氢分压

它是指在相同温度下，一定体积天然气中所含硫化氢单独占有该体积时所具有的压力。

（4）单位之间的换算关系

在 20 ℃下，1‰＝14 414 mg/m^3，1 ppm＝1.441 4 mg/m^3，

$$\text{硫化氢分压＝硫化氢体积分数（‰）×总压力}$$

在我们的标准体系中，为了换算的方便，一般将这个关系取整为 1 ppm＝1.5 mg/m^3，这样就将国外相关标准的 10 ppm 表示为 15 mg/m^3、20 ppm 表示为 30 mg/m^3。

5. 硫化氢警报的设置

当空气中硫化氢含量超过阈限值时[15 mg/m^3（10 ppm）]，监测仪应能自动报警。

（1）第一级报警值

第一级报警值应设置在阈限值[硫化氢含量 15 mg/m^3（10 ppm）]，达到此浓

度时启动报警,提示现场作业人员硫化氢的浓度超过阈限值,应采取如下措施。

①立即安排专人观察风向、风速以便确定受侵害的危险区。

②切断危险区的不防爆电器的电源。

③安排专人佩戴正压式空气呼吸器到危险区检查泄露点。

④非作业人员撤入安全区。

(2)第二级报警值

第二级报警值应设置在安全临界浓度[硫化氢含量 30 mg/m³(20 ppm)],达到此浓度时,现场作业人员应佩戴正压式空气呼吸器,并采取如下措施:

①戴上正压式空气呼吸器。

②向上级(第一责任人及授权人)报告。

③指派专人至少在主要下风口距井 100 m、500 m 和 1 000 m 处进行硫化氢监测,需要时监测点可适当加密。

④实施井控程序,控制硫化氢泄漏源。

⑤撤离现场的非应急人员。

⑥清点现场人员。

⑦切断作业现场可能的着火源。

⑧通知救援机构。

(3)第三级报警值

第三级报警值应设置在危险临界浓度[硫化氢含量 150 mg/m³(100 ppm)],报警信号应与二级报警信号有明显区别,警示立即组织现场人员撤离,并采取如下措施:

①由现场总负责人或其指定人员向当地政府报告,协助当地政府作好井口 500 m 范围内的居民的疏散工作,根据监测情况决定是否扩大撤离范围。

②关停生产设施。

③设立警戒区,任何人未经许可不得入内。

④请求援助。

6.安全工作许可证

硫化氢作业之前要制定相应的作业程序,签署作业许可单,明确安全措施。安全措施应包括向作业人员提供所需要的防护设备、正确的隔离设备、正确地进行设备和管线的通风等。

7.受限制空间的进入

对进出已知或潜在硫化氢危险的封闭设施应特别注意。在通常情况下,这些封闭设施不通风。进入受限制空间时应有一个受限制空间进入许可证。许可证至少应注明:

①标明作业场地、许可证签发日期和使用期限。

②保证安全作业的特殊检测要求和其他条件。

③进行持续监测,以确定硫化氢、氧和可燃气体浓度不会导致起火和伤害作业人员的身体健康。

④生产经营单位其他特殊规定。

1.3 二氧化硫基础知识

二氧化硫大多产生在含硫燃料、熔炼硫化矿石、烧制硫黄、制造硫酸和亚硫酸、硫化橡胶、制冷、漂白、消毒、熏蒸杀虫、镁冶炼、石油精炼,某些有机合成等过程中。油井酸化压裂增产作业时,由于酸化压裂液与地层中的含硫矿物发生化学反应而导致二氧化硫的产生。吸入一定浓度的二氧化硫会引起人身伤害甚至死亡,石油作业人员有必要熟悉二氧化硫的特性及防护知识。

1.3.1 二氧化硫的理化性质

化学名称:二氧化硫。

化学文献服务社编号:7446-09-05。

化学分类:无机物。

化学分子式:SO_2。

通常物理状态:无色气体,比空气重。

沸点:−10.0 ℃(14F)。

可燃性:不可燃,由硫化氢燃烧形成。

溶解性:易溶于水和油,溶解性随溶液温度升高而降低。

气味和警示特性:有硫燃烧的刺激性气味,具有窒息作用,在鼻和喉黏膜上形成亚硫酸。

暴露于不同浓度的二氧化硫环境中,具有不同的表现特性,具体见表 1.5。

表 1.5 空气中二氧化硫危害的描述

%(体积分数)	ppm	mg/m³	暴露于二氧化硫的典型特性
0.000 1	1	2.71	具有刺激性气味,可能引起呼吸改变
0.000 2	2	5.42	ACGIH TLV 和 NIOSH REL
0.000 5	5	19.50	灼烧眼睛,刺激呼吸,对嗓子有较小的刺激。
0.001 2	12	32.49	刺激嗓子咳嗽,胸腔收缩,流眼泪和恶心
0.010	100	271.00	立即对生命和健康产生危险的浓度
0.015	150	406.35	产生猛烈的刺激,只能忍受几分钟
0.05	500	1 354.50	即使吸入一口,就产生窒息感,应立即救治,提供人工呼吸或心肺复苏技术
0.10	1 000	2 708.99	如不立即救治会导致死亡,应马上进行人工呼吸或心肺复苏(CPR)

注:表中列出的值为大约值,一些出版物中给出的值会稍有不同。

1.3.2 二氧化硫的暴露极限

美国职业安全与健康局规定二氧化硫 8 h 时间加权平均数(TWA)的允许暴露极限值(REL)为 13.5 mg/m³(5 ppm),而美国政府工业卫生专家联合会(ACGIH)推荐的阈限值为 5.4 mg/m³(2 ppm)(8 h TWA),15 min 短期暴露极限(STEL)为 13.5 mg/m³(5 ppm)。二氧化硫的职业暴露值见表 1.6。

表 1.6 二氧化硫的职业暴露值

OSHA PELs				ACGIH TLVs				NOISH RELs			
TWA		STEL		TWA		STEL		TWA		STEL	
ppm	mg/m³	ppm	mg/m³	ppm	mg/m³	ppm	mg/m³	ppm	mg/m³	ppm	mg/m³
5	14	N/A	N/A	2	5	5	13	2	5	5	13

ACC:可承受的最高浓度

TLV:阈限值

REL:推荐的暴露水平限值

TWA:8 h 加权平均浓度(不同重量计算方法见特定的参考资料)

STEL:15 min 内平均的短期暴露水平限值

N/A:不适用的

1.3.3　二氧化硫的生理影响

1. 急性中毒

二氧化硫暴露浓度低于 $5.4\ mg/m^3$（2 ppm），会引起眼睛、喉、呼吸道的炎症，胸痉挛和恶心。暴露浓度超过 $5.4\ mg/m^3$（2 ppm），可引起明显的咳嗽、打喷嚏、眼部刺激和胸痉挛。暴露于 $135\ mg/m^3$（50 ppm）中，会刺激鼻和喉，流鼻涕、咳嗽和反射性支气管缩小，使支气管黏液分泌增加，肺部空气呼吸难度立刻增加（呼吸受阻）。大多数人都不能在这种空气中承受 15 min 以上。据报道，暴露于高浓度中所产生的剧烈反应不仅包括眼睛发炎、恶心、呕吐、腹痛和喉咙痛，随后还会发生支气管炎和肺炎，甚至几周内身体都很虚弱。

2. 慢性中毒

报告指出，长时间暴露于二氧化硫中可能导致鼻咽炎、嗅、味觉的改变、气短和呼吸道感染危险增加，并有消息称工作环境中的二氧化硫可能增加砒霜或其他致癌物的致癌性，但至今还没有确凿的证据。有些人明显对二氧化硫过敏。肺功能检查发现在短期和长期暴露后功能又衰减。

3. 暴露风险

尚不清楚多少浓度的低量暴露或多长时间的暴露会增加中毒风险，也不清楚风险会增加多少。必须指出的是：应尽量少暴露于二氧化硫中，应坚决阻止暴露于二氧化硫环境中的人吸烟。

第2章
采输作业中硫化氢危害因素分析

石油天然气勘探开发属于高危行业,而含有硫化氢和二氧化碳等气体的存在,大大增加了这一行业的风险。在含硫天然气气田的钻井施工、采气开发、集输储运,直至最后的脱硫净化等所有生产过程中,无一不存在众多的风险因素,而硫化氢和二氧化碳等气体的泄露风险无疑位列首位,这是由于两种物质固有的危险特性所决定的。其次是环境保护方面的问题,高含硫化氢和二氧化碳的天然气,无论排入大气还是混入水中,这一重大风险始终伴随在整个天然气的生产过程中。本章主要分4节介绍采输作业中硫化氢的危险有害因素分析。

2.1 硫化氢的泄露和溢出

在含硫化氢的天然气气田勘探开发及净化过程中,发生硫化氢泄漏的方式很多,但基本是以天然气混合气体的方式泄露出来的。造成泄露的原因较多,既有地质的原因,也有工程施工的原因,还有其他方面的原因。本节主要介绍工艺和施工作业过程中可能导致硫化氢泄漏的方式和原因。

2.1.1 集输气场站及管道有毒气体泄漏

集气、输气场站及湿气管道发生泄漏所造成的危害,并不一定小于钻井施工和井下作业油气泄漏的危害。以下逐一分析输气井站及管线几个重点部位的主要泄漏方式及原因。

1. 井口装置泄漏及原因分析(气井采气树漏气的原因及对策)

含 H_2S 气井的采气井口装置主要依据气井最高关井压力及流体性质选定,应能满足 API6A 和 NACE MR-0175 标准的要求,且具有远程控制的功能。由于气井压力一般较高,故对井口侵蚀也较油井井口严重许多,因此井口发生泄漏的可能性也较大。井口发生泄漏的方式较多,造成泄漏的原因也不尽相同。主要可以划分为 4 个原因:

(1)井口设计缺陷

如未充分考虑井下气体中 H_2S 酸性介质的因素,材质选用不当,制造工艺未按照相关抗硫标准执行,造成应用中发生氢脆、应力开裂;或是井口装置结构设计不合理,以致在应用一段时间后出现密封失效。因此《石油天然气建设工程施工质量验收规范　高含硫化氢气田集输场站工程》(SY 4212—2010)规定:高含硫化氢气田集输场站工程及与高含硫化氢气体介质相接触的净化装置工艺安装工程采用的原材料、半成品、成品、构(配)件、设备、容器、仪器和仪表等应进行现场验收,凡验收或抽样检验的样品中,若有一件不符合设计文件或国家现行有关标准规定的合格要求时,应全部检查。同时,不合格的原材料、半成品、成品、构(配)件、设备等不应使用。

(2)人为操作失误

如未对井场操作人员进行井口装置结构知识、操作规范、维护保养等方面的知识培训,造成操作人员不了解井口基本原理,未按照规定的操作规范和维护要求对阀门进行定期维护保养等。

(3)其他原因造成

如在生产期间,由于井内泥浆和岩屑未排放干净,因而不断随气流冲蚀井口,造成井口阀门本体损坏而泄漏;突发情况下,井口紧急截断阀未正常动作,更易造成井口天然气泄漏失控。

2. 湿气管道泄漏及原因分析

湿气管道输送的是刚从井口采出,未经脱水和净化处理的含 H_2S 酸性介质的混合气体,内腐蚀现象较输送纯净天然气或原油管道严重许多。特别是当管道中有游离水存在时,如果在水的露点温度以下运行,腐蚀现象会更加严重。另外,管道的工作环境也千差万别,不可避免地要经过河流、湿地或潮湿区域,外腐蚀现象也较严重。

(1)腐蚀原因造成的泄漏

管材的内腐蚀和外腐蚀是管道集输无法规避的自然现象。如果在材质选用时,未严格按照输送含 H_2S 和 CO_2 酸性气体的标准设计,合理布设阴极保护或牺牲阳极保护,管道组对、焊接或热处理等工序质量不合格,就会造成运行过程中严重泄漏的风险。

(2)运行原因造成的泄漏

管道运行中的泄漏主要有三种:一是缓蚀剂选择不当或未按规定加注,达不到缓蚀效果而加剧内腐蚀;二是不按规定定期清管,使得管道转弯处或死角积液严重而造成腐蚀或破裂;三是管道流速控制不当,过快或过慢均容易造成积液和过度冲刷,从而在管道的转弯处或死角造成腐蚀、破裂。

(3)操作失误造成的泄漏

如果井(场)站操作人员违章操作或操作失误,极易造成管道损坏,或是造成下游阀门通径减小或关闭,导致管线憋压、爆裂泄漏。

(4)自然灾害造成的泄漏

雷击、洪水、地震和山体滑坡等自然灾害,无疑会严重危害管道安全运行,甚至引起管道泄漏。

(5)人为破坏造成的泄漏

含 H_2S 天然气管道如果遭受打孔盗窃,势必引发大面积的人员伤亡,后果是灾难性的。另外,在埋地管道上方建筑房屋或修建公路等非法占压活动,也是一个久难根治的顽症,一旦因此而造成高含 H_2S 管道的断裂,危害也将大大高于普通油气管道。

3.集输气场站泄漏及原因分析

与井口和管道相比,集输气场站的泄漏方式和原因更加复杂,这是由于其生产设施多、工艺较复杂所决定的。

一般天然气站场的设备主要有分离器(有立式和卧式两种)、收、发球筒、阀门(包括:球阀、旋塞阀、闸阀等)、汇气管、管线(主要有正常外输管线、放空管线、排污管线等)。其他的如变送器(温度变送器、压力变送器等)、清管球通过指示器、温度表、压力表等,这些设备和仪器、仪表之间的连接形式主要是法兰连接、焊接和螺纹连接。在天然气站场,最常漏气的位置就是静密封点处,如法兰、螺纹接口处的,但管线穿孔泄漏也时有发生,主要是管线弯头处,特别是排污管线和放空管线的弯头处,在线路上最常见的泄漏是由第三方破坏和管道穿孔引起的。

根据现场实际常见的泄漏有:法兰之间的泄漏、管道泄漏、螺纹泄漏和阀门泄漏等。

(1)法兰间泄漏

法兰连接是天然气管道和设备连接的主要形式,其泄漏也是天然气站场泄漏的最为主要的形式。法兰密封主要是依靠其连接的螺栓产生的预紧力,通过垫片达到足够的工作密封比压,来阻止天然气外漏。对于天然气管道,由于其输送介质具有腐蚀、高压以及输送过程中产生的振动等特点引起天然气管道法兰密封失效,造成泄漏。天然气站场法兰泄漏主要有以下原因:

①密封垫片压紧力不足,法兰结合面粗糙,安装密封垫出现偏装,螺栓松紧不一,两法兰中心线偏移。这种泄漏主要由于施工、安装质量引起的,主要发生在投产施压阶段。

②由于脉冲流、工艺设计不合理,减振措施不到位或外界因素造成管道振动,致使螺栓松动,造成泄漏。

③管道变形或沉降造成泄漏。

④螺栓由于热胀冷缩等原因造成的伸长及变形,在季节交替时的泄漏主要是由这种故障引起的。

⑤密封垫片长期使用,产生塑性变形、回弹力下降以及垫片材料老化等造成泄漏,这种泄漏在老管线上比较常见。

⑥天然气腐蚀,造成泄漏,这种情况比较少见,但由于垫片和法兰质量问题可能会产生此种泄漏。对于法兰泄漏,一旦发现,应采取相应的措施及时处理,否则会造成刺漏,严重影响安全生产。对于法兰泄漏,首先通过降压和放空采用重新拧紧螺栓得方法进行处理。对于采用这种方法处理效果不好的,根据生产情况分别加以处理:如果可以停输,则关闭泄漏处两边阀门,进行放空置换后更换新垫片,重新拧紧。对于不可停输的,则要及时采用法兰堵漏技术进行处理。根据现场使用情况,为了减少泄漏,法兰垫片最好根据法兰结构使用缠绕式金属垫片、金属圆环垫片或金属八角垫片。

（2）管道泄漏

1）夹渣、气孔、未焊透、裂纹等焊接缺陷引起的泄漏，随着焊接技术的发展和施工质量以及检测手段的提高，这种焊接缺陷逐渐减少。

2）腐蚀引起的泄漏

天然气站场管道引起腐蚀的原因很多，常见的有：

①周围介质引起的均匀腐蚀：这种腐蚀造成的泄漏主要出现在老管线上，随着时间的推移，管线内外壁一层层的腐蚀而剥落，最后造成大面积的穿孔，最终造成管道泄漏事故的发生。

②应力引起的腐蚀：金属材料的应力腐蚀，是指在静拉伸应力和腐蚀介质的共同作用下，使应力集中处产生破坏。这种腐蚀危害性较大，一般在没有先兆的情况下，能够迅速扩展产生突然断裂，发生严重的泄漏事故。

③氧和水引起的腐蚀：氧和水的存在是造成管道内部腐蚀的主要原因之一。钢管中焊有铁元素，它会与水和氧发生化学作用，最后生成三氧化二铁，并放出氢气，造成管道内部腐蚀。

减少水的措施：做好施工期的管理工作和投产时的清管工作。投产时，对管道进行干燥处理；做好运行期的脱水和脱氧工作。

④硫和细菌引起的腐蚀：天然气中含有硫化氢等硫化物，在运输时和管道反应，生成硫化亚铁，并在管内活化剂（氧气）的作用下，产生腐蚀，其反应如下：

$$3FeS + 2O_2 \longrightarrow Fe_3O_4 + 3S$$

$$4FeS + 3O_2 \longrightarrow 2Fe_2O_3 + 4S$$

管道中还有一种细菌存在，这种细菌叫硫酸盐还原菌，它一般附着于管线的内表面，利用硫酸盐类进行繁殖。管道硫酸盐的生成反应式如下：

$$FeS + 2O_2 \longrightarrow 2FeSO_4$$

上式中的硫酸盐在还原菌的作用下，生成腐蚀生成物四氧化三铁，反应如下：

$$3FeSO_4 + 3H_2O \longrightarrow Fe_3O_4 + 3H_2SO_4$$

⑤氢引起的腐蚀：目前，除去 H_2S 的技术较高，但由于输送压力的提高，造成硫化氢的分压提高，从而使 HIC（氢脆）更为突出。其产生的机理如下：

天然气中所含的硫化氢遇水形成硫和氢的离子：

$$H_2S \longrightarrow 2H^+ + S^{2-}$$

铁夺取 H 的正电荷,形成 Fe^{2+} 以及 H 原子:

$$Fe + 2H^+ \longrightarrow Fe^{2+} + 2H$$

生成硫化亚铁:

$$Fe^{2+} + S^{2-} \rightarrow FeS$$

H 原子的体积很小,根据分压的大小向钢中扩散。H 原子首先聚集于非金属夹杂物,气孔及偏析中。在存留处,H 原子变成氢分子,体积增大 20 倍,体积增大的过程中,存留处压力急剧增大,如超过金属开裂应力时,造成裂纹扩展;如在内表面,形成鼓泡,在内侧则形成平行于金属表面的裂纹。同时,H 原子与钢中不稳定的碳化物起反应生成 CH_4,造成钢局部脱碳,CH_4 在缺陷或晶界处聚集,产生大量的晶界裂纹和鼓泡,使钢材变得松、脆,最后造成破毁。

⑥其他常见的还有原电池腐蚀、晶界腐蚀等。

3)冲刷引起的泄漏

由于冲刷原因造成站场泄漏的事故较多,比较容易出现此类故障的部位是管道弯头,特别是流速较快的弯头处,造成这种泄漏主要有以下几个原因:

①从加工角度来说,对于冲压成型和冷煨、热煨成型的弯头,弯曲半径最大的一侧存在着加工减薄量。

②天然气流速较快,流经弯头时,对管壁产生较大的冲刷力,在冲刷力的作用下,管壁金属不断地被带走,壁厚逐渐变薄,最后造成泄漏。

对于下游站场的弯头,由于上游的硫化亚铁、铁粉等杂质跟随管线到达下游,这些杂质的存在,加速了磨损速度。天然气站场排污管线靠近排污池的弯头最容易穿孔,这也是因为排污管线排污频繁、气质脏,靠近排污池的气流速度非常快,造成磨损严重,因而造成穿孔泄漏。此种情况已经在多个站场都发生过,应给予重视。

③调压阀的阀体也是容易被刺坏的地方。

预防措施:周期性清管,减少硫化亚铁、铁粉;根据下游用气量做好管道末端气量的储存,尤其在冬季大气量来临之前,以备用气充分,避免气流速度过快,导致管道里边扬尘,造成很大的磨损;做好设计,弯头厚度要加厚。

4)振动引起的泄漏

管道的振动使法兰的连接螺栓松动,垫片上的密封比压下降,振动还会使管道焊缝内缺陷扩展,最终导致严重的泄漏事故。天然气管道振动的成因有:

①管线内压力脉动引起管道的振动：气流的脉动是引起天然气管道振动的最主要的原因，在长输天然气管道上常用压缩机给天然气加压，压缩机周期性地、间歇地进气和排气，结果引起管路内气流压力的脉动，当脉动气流在管线内传播碰到弯头、变径管、汇管以及盲板等时，管道系统受到周期性的激振力，在激振力的作用下引起管道及其附属设备的振动。

②压缩机的振动引起管线的振动：当压缩机工作时，由于活塞组存在往复惯性力及力矩的不平衡、旋转转惯性力及力矩的不平衡、连杆摆动惯性力的存在以及机器重心的周期性移动等各种复杂合力的作用，使压缩机工作时产生机械振动，从而引起和其相连的管道的振动。

③风力引起的振动：当裸露的管子在受到风力时，会产生卡曼涡流效应，引起管子的振动。所谓卡曼涡流是指当流体垂直于管子流动时，在管子的背面将产生有规则的涡流，因而出现交替的横向力，称为卡曼涡流。

④共振引起管道剧烈振动：当激振力的频率和管道以及设备的固有频率相同时，会引起管道和设备强烈的振动。如：卡曼涡流的频率、脉动流的频率以及压缩机的振动频率和管道的固有频率相同时，会产生共振，有可能引起管子和设备的破毁。

管道减振可以通过两条途径来解决：一是控制管流的压力脉动；二是调整管系的结点，改变固有频率，减少振动，避免产生共振。

（3）螺纹泄漏

目前，天然气站场常采用用的 API 锥管螺纹连接，锥管螺纹包括圆螺纹、偏梯形螺纹，设计锥度为 1/8（半径方向），其密封是由内、外螺纹啮合的紧密程度决定的。由于结构设计的原因，啮合螺纹间存在一定的间隙。圆螺纹主要在啮合螺纹齿顶和齿底形成螺旋形通道，偏梯形螺纹主要在啮合螺纹导向面间，以及螺纹齿顶和齿底之间存在螺旋形通道。由于泄漏通道的存在，严重影响了 API 螺纹的密封性。在名义尺寸下，圆螺纹齿顶和齿底之间的间隙为 0.076 2 mm，偏梯形螺纹在齿导向面的间隙为 0.025 mm，远大于天然气分子直径。所以从本质上讲，API 螺纹不具备密封能力，其密封性是通过使用螺纹脂里的一些固体物质（如铜、铅、锌和石墨等）来堵塞这些通道来获得的，或通过表面处理（如镀铜、锌、锡等软金属）来减小间隙。要提高密封性能，必须有足够大的接触压力和足够小的螺纹间隙。温度变化时，螺纹连接部位可能发生应力松弛，也可能造成接触压力下降，使密封性能下降，振动也造成螺纹连接变松。

管螺纹密封的泄漏跟使用的密封材料有直接关系。我国普遍使用铅油麻丝、聚四氟乙烯胶带密封。铅油麻丝等溶剂型填料在液态时能填满间隙，固化后溶剂挥发，导致收缩龟裂，而且耐化学性能差，很容易渗漏。聚四氟乙烯胶带不可能完全紧密填充，调整时容易断丝，易堵塞管路阀门，而且聚四氟乙烯和金属摩擦系数低，管螺纹很容易松动，密封效果也不是很好。为了减少螺纹连接泄漏，可采取以下措施：①建议采用具有弹性密封环结构的螺纹连接；②对于主干线连接的地方，建议采用焊接。

（4）阀门泄漏

阀门由于受到天然气的温度，压力、冲刷、振动腐蚀的影响，以及阀门生产制作中存在的缺陷，阀门在使用过程中不可避免的产生泄漏，常见的泄漏多发生在填料密封处、法兰连接处、焊接连接处、丝口连接处及阀体的薄弱部位上。

①连接法兰及压盖法兰泄漏：这种泄漏一般通过在降压的情况下，通过拧紧螺栓得以解决。

②焊缝泄漏：对于焊接体球阀，有可能存在焊接缺陷，出现泄漏，这种泄漏很少见。

③阀体泄漏：阀体的泄漏主要是由于阀门生产过程中的铸造缺陷所引起的，当然，天然气的腐蚀和冲刷造成阀体泄漏，这种泄漏常出现在调压阀上。

④填料泄漏：阀门阀杆采用填料密封结构处所发生的泄漏，长时间使用填料老化、磨损、腐蚀等使其失效，通过更换填料或拧紧能够得以解决。

⑤注脂嘴的泄漏：一般是由于单向阀失效造成的，在压力不高的情况下注入密封脂可得到解决。

⑥排污嘴泄漏，一旦发现及时更换。

另外，针对具体的站场工艺装置，站场的泄漏还有可能是由于以下原因造成的：

（1）站场流程引发的泄漏

站场设计未按标准进行设计选材，或由于站场设备质量存在问题，施工质量不达标，均可成为生产站场泄漏的原因；未对井场操作人员进行安全阀工作原理、操作规范、维护保养等方面的知识培训，造成操作人员不了解安全阀基本原理，未按操作规范要求对安全阀进行定期维护保养。特别是在泄漏突然发生的情况下，地面安全控制系统出现故障,以致不能控制安全阀的运行,其后果将十分严重。

(2)站场加热炉引发的泄漏

站场加热炉出现故障,也可能诱发气体泄漏。例如,加热炉选型不当,压力等级不匹配;加热炉熄火连锁保护功能出现故障;或是燃料气系统发生故障,造成调压装置失灵、管路堵塞或超压,均有可能诱发气体泄漏。另外,燃料气含硫超标,将会造成水套炉燃烧燃料系统腐蚀,而引起燃料气泄漏。

(3)站场分离和计量装置引发的泄漏

站场分离器存在超压或腐蚀的风险,易造成含 H_2S 酸性气体突然释放。计量装置如果孔板阀上下腔密封不严,则在清洗或更换孔板时可能发生孔板导板飞出伤人和含硫天然气泄漏。

(4)清管装置引发的泄漏

清管装置的球阀如果发生内漏,则会造成收发球筒长期带压导致密封失效而引起含 H_2S 气体的泄漏;在清管过程中,由于操作不当,在筒内压力未完全放空的情况下打开盲板,则会导致含 H_2S 气体的泄漏;同时,由于维护不到位而导致关闭不到位,则密封效果不好时,必然引起 H_2S 气体的泄漏。

(5)放空排污系统引发的泄漏,可能出现的故障和泄漏有:

①放空系统出现串压、堵塞和放空排污阀故障。

②放空系统可能因阀门密封不严或破裂,而导致含硫天然气泄漏。

③排污管线腐蚀,引起排污时出现泄漏。

④排污时,由于液位过低而造成含硫天然气窜入污水系统。

(6)缓蚀剂加注装置引发的泄漏

缓蚀剂加注装置是减缓内腐蚀的关键装置,应随时处于完好状态。如注入系统设备材质选择不当,工艺设计不合理,或是缓蚀剂加注装置突然停泵、管路堵塞、加注量不稳,以及操作不当造成加注管路超压等故障时,均会加快装置和管道的内腐蚀速度。

(7)检修作业引发的泄漏

检修作业是预防泄漏、消除泄漏的有效措施。但如果操作不当,同样存在诱发泄漏的可能。特别是装置停产检修前,如果置换不彻底,或检修部位与有毒介质隔离不好,则危险性极大。检修作业时,如果站场预留空间较小,极易对生产设备、管道产生如重物撞击等影响,进而引发设备、管道破裂导致泄漏。

(8)自然灾害因素引发的泄漏

与湿气管道一样,雷击、洪水和地震等自然灾害也可引起采气场站发生泄漏,其中危害最大的要数地震或场地下陷等。

2.1.2 净化厂装置有毒气体泄漏

净化厂设备较多、工艺复杂,因此其泄漏的方式和原因也就十分复杂。但按其工艺划分,净化厂主要可以分为脱硫工艺单元、脱水单元、硫黄回收单元、尾气处理、酸性水汽提、硫黄成型和辅助生产设施及公用工程等 7 大组成部分。无论是哪一个工艺单元,都存在发生泄漏的风险。

1.脱硫工艺单元泄漏及原因分析

在脱硫工艺单元生产运行中,应重点预防压力管道和压力容器因窜气、超压或腐蚀而引发的有毒有害气体泄露。

(1)窜气引起的泄漏风险

在脱硫工艺单元中,容器分别在不同的工作压力下运行。生产运行时,如果联锁阀门发生失效或失灵等情况,则额定工作压力较高的容器内的气体,便极有可能窜入额定工作压力较低的容器内,从而引发管线或压力容器破裂泄漏。

(2)腐蚀引起的泄漏风险

设备、管线及其焊缝、接头、垫圈,以及仪表、阀门等最易受到 H_2S 和 CO_2 和 MDEA 碱液的腐蚀而造成泄漏。

(3)其他原因引起的泄露

例如,过滤分离器更换滤芯料时,可能出现阀门泄漏。

2.脱水单元泄漏及原因分析

脱水塔液位过低,且在联锁阀损坏或联锁阀元气源的情况下,有可能导致脱水塔内天然气窜入闪蒸罐。此时如果安全阀再发生失效,必会导致闪蒸罐爆炸;另外,脱水塔超压运行,也可能发生物理性爆炸。

3.硫黄回收单元

酸气分离器液位较低时,酸气可能经排污管线窜入污水池,从而致使酸气通过污水池发乍泄漏。高压天然气窜入酸气分离器时,可能引发爆炸并导致酸气大量泄漏。硫黄回收装置中,硫雾沫捕集器液位控制阀一旦失效,极易造成 H_2S 气体的泄漏而产生危害。

4.尾气处理

还原工序的 SO_2 和单质硫,如果还原不彻底,将会使后续的急冷及选吸工序产生严重腐蚀、堵塞等问题,可能引发酸气泄漏;冷换设备易于受到腐蚀而引起泄漏。另外,制氢在线炉的耐火材料如果出现局部脱落,将会发生烧穿炉壳的事故。

5.酸性水汽提

酸性水汽提单元的进料水储罐,以及酸水汽提塔可能因腐蚀引起酸气泄漏事故。酸气放空管线、设备、仪表管线上的焊缝或接头处,也会因腐蚀而发生泄漏。

6.硫黄成形

在硫黄成形单元中,如果液硫脱气效果不良,将会导致 H_2S 气体从液硫槽处向外泄露。

7.辅助生产设施

净化厂一般都拥有较为庞大的辅助生产设施和公用工程系统,同样也存在一定的泄漏风险。当然与生产设施相比,这一风险要小得多。但由于 H_2S 的剧毒性,同样不能等闲视之。

(1)分析化验室

分析化验在取用原料气、酸气、过程气等含高浓度 H_2S 的样品时,可能因操作不当,导致 H_2S 泄露。

(2)火炬及放空系统

点火系统或长明灯出现故障,放空气未能及时点燃,会造成酸性气下沉,就会造成严重的人员中毒事故。因放空火炬气体中含有一定的 H_2S 气体,在火炬底部凝液罐进行排液时,如果操作不当或防护措施不到位,会发生 H_2S 中毒事故。

(3)储运

储运设施内存的介质主要是 CH_4、C_2H_6 及 H_2S,储罐和管线如果在设计、选材、制造、安装或操作等阶段出现失误,必然会造成先天性的缺陷或隐患,导致设备损坏或泄漏,这些都有可能引发事故。

8.装置和管道的检维修作业

装置和集输系统在检维修作业过程中,如果吹扫不彻底而存在死角,当打开塔器和法兰时,其中含有的 H_2S 将随之释放出来而造成伤害。

2.1.3 钻井施工硫化氢泄漏与外溢

正常钻井施工作业过程中,地层中的硫化氢等有毒有害气体混杂在天然气中,在泥浆重力的作用下,通常不会冒出地面。只有当井筒中的泥浆液柱压力低于地层压力,发生气侵或井涌的情况下,才会冒到地面上来。另一方面,也有可能是由于施工操作、生产工艺等方面的原因,也会把少量的有害气体携带到地面上来。

1. 方式和途径

正常钻井施工过程中,H_2S 气体溢出井筒的方式和原因多种多样,其中以井喷失控危害最大,其次要数气侵和井涌。因为两者均能造成有害气体的大量外溢,其他方式一般仅能造成"微量泄漏"。一般性的泄漏方式和原因如下:

(1)岩屑携带

在钻井作业过程中,钻头钻遇含 H_2S 油气地层时,地层中固有的 H_2S 气体,其中一小部分不可避免地将随破碎的岩屑一同进入井筒并溶入泥浆,最终被带至地面。

(2)重力置换

当钻遇漏失层位并发生井漏时,其他层位中的含 H_2S 气体在泥浆重力的作用下,被置换出来而进入井筒。

(3)自动扩散

当井内液柱压力无法平衡地层压力时,地层内的 H_2S 气体便大量涌入井筒,并随之喷至地面。即使液柱压力能够平衡地层压力,如果长时间的不循环或关井,含 H_2S 和 CO_2 的气体也会慢慢扩散并集聚成气柱,当气柱上移到一定高度后,便会引发溢流或井喷。

(4)起钻抽吸

钻井队在起钻作业过程中,如果钻头"泥包"严重,或是起钻速度过快,井筒中的钻具便成了一个大"活塞",从而引发抽吸作用,将地层中的含 H_2S 的混合气体一并"抽"入井筒内。

(5)岩心携带

在高含 H_2S 和 CO_2 地层,无论是进行取心钻进,还是井壁取心作业,地层中的含 H_2S 混合气体,都会随着岩心一道来到地面。不仅从取心筒内出心时风险较大,而且在岩心存放处也会形成一个小范围的积聚、挥发区。

(6)测井携带

进行测井作业时,含 H_2S 的泥浆或泥饼被测井电缆带到井口,以及测井车电缆滚筒处或地面。

(7)固井原因

如果固井质量不好,或是套管出现断裂、脱开,未能有效封堵住含 H_2S 地层,将会造成地下流体沿着地层裂缝窜至地面。

(8)完井阶段

完井后,在泥浆处理过程中也存在 H_2S 积聚的可能。如运输泥浆的容器和管线,处理存放过泥浆的容器和地点等,也都一定程度地存在此风险。

2. 主要危害

就钻井施工作业的生产过程和工艺而言,H_2S 气体最大的危害主要体现在污染泥浆、腐蚀钻具和危及人体健康等方面。因为 H_2S 气体具有可溶性,易溶解于水和水基流体。H_2S 溶入水基泥浆时,污染程度比溶入油基泥浆严重,会使泥浆性能发生较大变化,如密度下降、pH 值下降,黏度上升等,甚至形成不能流动的冻胶,其颜色变为瓦灰色、墨色或墨绿色。

上述所提到的井涌或气浸在未达到井喷或井喷失控的情况下,所能造成的含有 H_2S 的气体泄漏至地面的量十分有限。但对于毒性极强的 H_2S 气体来讲,这一"微量"的泄漏,可能在振动筛、泥浆罐、灌浆罐、钻台上和钻台下,或是井场的低洼处等部位形成气体集聚,足以达到致人不同程度的伤害。

3. 取心作业的 H_2S 特殊风险

根据钻探的需要,钻井施工作业通常需要进行取心作业。在含有 H_2S 气体的地层进行取心,主要在取心钻进,起钻、岩心出筒、岩心存放与运输等环节存在着 H_2S 泄漏的风险。

(1)在取心作业的各个环节中,出心作业过程的 H_2S 伤害风险最大

因为岩心出筒时,取心筒已经离开了泥浆液面,筒内聚集的岩心挥发出的 H_2S 气体便会一下子释放出来,从而在出心作业区形成一个小范围较高浓度的 H_2S 气体聚集区,对作业人员造成危害。因此,出心作业时,钻台人员必须佩戴好空气呼吸器。

密闭取心和保压取心在出心时,会比其他几种取心作业释放出更多、更高浓度的 H_2S 气体,故危害更为突出。因此,在高含 H_2S 井段取心,应尽量避免采用保压取心或密闭取心工艺。

（2）岩心运移和晾晒作业

岩心出筒后,岩心中残存的 H_2S 气体会继续释放一段时间,并在小范围内形成聚集,因此在运移、晾晒、存放岩心及进行岩性描述时,仍需采取相应的防护措施,防止中毒死亡事故发生。

2.1.4 试气与井下作业有毒气体泄漏与外溢

在含 H_2S 气田进行试气与井下作业过程中,发生泄漏或溢出的方式和原因也较多,比较集中地出现在循环出口,钻台上下,放喷管线口等处。特别是在酸洗或除垢作业时,还存在 FeS 反应生成 H_2S 的风险。由于这种化学反应带有一定的隐蔽性,故其危害性更大。另外,试气与井下作业施工的工序也较多,如:替浆、通井、射孔、测试、诱喷、压裂、酸化、压井、冲铣打捞、挤注水泥、套磨铣捞等。

1. 射孔作业

气井射孔一般有三种方式,即电缆输送射孔、过油管输送射孔和油管输送射孔。第一种和第二种危险性较大,主要是因为在起电缆作业时无法采取井控措施,易使有毒气体附在电缆上并随电缆向上漂移,从而对地面人员造成伤害。油管输送射孔方式安全性较大,但也存在泄漏的可能,如起油管时压井液密度不合适或灌浆不及时,均可造成气体外溢井口。因此,H_2S 气井的射孔作业,应优先采取油管输送射孔的作业方式。

2. 压裂和酸化

压裂酸化是气井开发中的主要增产措施之一,特别是酸压,具有酸量大,井口压力高,施工时间长,施工车辆多等特点,因而对井口、油管和套管的抗腐蚀性,以及抗压能力的要求更高,施工管理的难度也相对较大。在酸化排液过程中,往往伴有 H_2S 气体的释放。特别是排液初期,放喷口不易点燃,导致 H_2S 气体扩散,这是造成人体伤害和环境污染的最主要因素。

3. 放喷泄压

在试气、测试和压井过程中,一般采取的是针阀或油嘴控制放喷。经过节流管汇和分离器到放喷口,由于井内有地层砂或压井液含固相颗粒,如果控制不当,可能会造成管线、阀门的损坏,导致有毒气体溢出。

4. 循环洗井

在井下作业过程中,无论是钻水泥塞,还是冲砂、压井、套磨铣捞,都必须不停地循环洗井,大量的混合液体被循环出来,压井液携带出含有 H_2S 的有毒气体,可能会在循环口和井口溢出。

5.起下管柱作业

在试气和井下作业过程中,如果压井液不能中和附着在油管上的有毒气体,则会带至井口。特别是起下带有大直径的井下工具,如通井规、封隔器、测试仪器、桥塞及打捞工具等,如果起钻速度过快,便易发生"抽吸"作用,造成地层中的含 H_2S 的混合气体吸入井筒。如果起钻时水眼堵塞,则在卸油管扣时,管内的混合液体会全部溢在钻台上,亦是 H_2S 外泄的途径。

6.诱喷作业

在试气作业过程中,如果要降低井筒内的液面高度,经常需要抽汲排液或液氮助排。抽汲时钢丝绳密封器不密封极易造成井口泄漏,所以一般采用液氮助排工艺。同样在排液初期,出液口气液混合体有不易点燃的风险。

7.地层原因

由于地层压力系数不同,有高压层也有低压层。在井下作业时,如果多个产层同时开采,当压井液密度过高时,必然会引起低压产层发生漏失。当液面降至一定高度时,其他层位的高压气体就会自动涌进井筒,造成气浸。如果此现象不断重复,洗井或灌浆时就会溢出大量混合气体,大量的 H_2S 气体便会随之溢出。

8.设备因素

试气和井下作业一般采取单机单泵作业,如动力设备发生问题不能连续作业时,则会造成施工中止,此时就要及时关井。当压力升高时,如果井口、防喷器、节流管汇或旋塞阀等部位因质量问题发生渗漏,就必须配备相应的耐压等级和抗硫等级的井控设备。

2.2　井喷与井喷失控

井喷和井喷失控在油气钻井施工、试油(气)和井下作业,以及油气井正常开采阶段屡见不鲜。无论是钻进施工井、试油(气)和井下作业井,还是正常开采井,其井喷失控的原理都是相同的"三步曲",即首先是井下地层流体压力高于井筒液柱压力,发生了井涌;紧接着,井涌处理不及时或方式不当,发生了井喷;最后,猛然喷出的流体破坏了井口和井控设备,酿成了井喷失控。

本节主要介绍钻井施工过程、试油(气)和井下作业过程,以及正常开采期间的井喷与井喷失控事故的方式与主要危害。

2.2.1　井喷与井喷失控简述

1. 钻井施工过程井喷与井喷失控

在钻井施工作业中,通常在钻进、起下钻具、下套管和测井阶段存在井喷和井喷失控的风险。

(1)钻进

正常钻进时,由于地层压力预报不准,泥浆密度选择不当,井控管理不到位等元凶,易引发井喷或井喷失控。

(2)起下作业

起下作业有起下钻杆和起下钻铤两种工况,井喷的原因基本相同。主要是由于起钻灌浆不及时,造成井筒液柱压力低于地层压力;或是起钻速度过快,再加上钻头泥包等原因,因抽吸严重而造成井喷;或是由于泥浆性能差,井眼严重缩径,井漏等井下复杂情况诱发井喷或井喷失控。

(3)固井

固井工况下的井喷与井喷失控,主要是由于下套管操作不当、水泥浆密度和性能不好、水泥候凝期间的失重等原因而引起。

(4)测井和空井

测井是在敞开井口状况下进行的,属于空井工况的特殊形式。测井作业过程发生的井喷,基本是由于测井工具抽汲严重,或是空井的时间过长而导致井内气体向井筒内扩散,加之又未能及时处理而造成井内液柱压力下降,从而引起井喷或井喷失控。

(5)关井工况

关井后,如果套管被腐蚀坏,或是地层被压漏,含 H_2S 的油、气、水及泥浆必将窜入地层的其他层位,甚至通过地层裂缝、溶洞等通道,而远距离地窜出地面,形成地下井喷失控。

2. 试气与井下作业井喷与井喷失控

在试气与井下作业过程中,地层原因、措施方案有误、施工中防范措施不到

位,或违反操作规程等因素,都有可能造成井喷事故,严重时将发展成为失控井喷。试气与井下作业时,井喷事故多发生在以下工序:

(1)射孔作业

如果射孔作业的目的层是高压气层,且在起下作业时未采取相应的井控措施,未能及时发现溢流情况,易导致井喷事故发生。

(2)放喷泄压

放喷泄压过程中,如果放喷管线连接不合理,或是井口装置额定工作压力不足,或是气密封、抗高温、抗硫、防腐等性能指标达不到要求,都有可能引发井喷与井喷失控事故。

(3)压井、冲砂、洗井、套磨铣

在这四类工序中,井喷与井喷失控事故的发生,多由压井液密度未达到压井要求,或者在施工中压井液气侵严重,导致密度下降,加之处理不及时而引发。

(4)起下管柱作业

起下带有大直径工具的管柱易产生抽汲作用,造成诱喷;还有起钻时不及时灌修井液或没有灌满,都会造成井喷事故发生。

(5)钻水泥塞或桥塞

在钻水泥塞或桥塞时,尤其是钻浅层水泥塞时,钻具的总重量一般较轻,如果下部被封的井段内因憋压时间过长而存有高压气体,当水泥塞被打开时,高压气体会瞬间释放出来,甚至会把钻具顶出井内,而造成井喷事故。

(6)换井口作业

在压裂酸化等特殊施工时,往往需要更换采气井口。如果更换井口作业时间过长,且又未采取其他封井措施,则会导致气体突然喷出而造成井喷失控。

(7)特殊情况作业

如果空井筒时间过长,长期不循环,又无人观察井口,将会造成井内修井液发生气侵。而侵入的气体一旦慢慢地运移到井口,就有可能引发井涌和井喷事故。

3.采气生产期间井喷与井喷失控

(1)井口装置泄漏引起井喷

由于腐蚀和密封失效等的原因,井口装置存在泄漏的可能,泄漏问题若不能得到及时处理和控制,便会造成井喷甚至失控。

（2）井下安全截断阀故障引起井喷

井下安全截断阀具有在超压或失压情况下自动快速关断井筒的功能,以保护气井和地面人员和设施的安全。如果在使用过程中,井下安全截断阀出现故障,便不能在超压或失压情况下自动快速截断,就极有可能出现井喷及井喷失控情况。

（3）井下安全阀控制系统故障引起井喷

如果井下安全阀液压控制系统出现故障,或其失效不能在超压或失压情况下对井下安全阀进行控制,就极有可能出现井喷及井喷失控情况。

（4）井口紧急切断阀故障引起井喷

一般情况下,采气井口装置紧急截断阀都安装在进站管线上,属于独立的控制系统,由液压、气压或气液联动操作器进行控制。当井场出现紧急情况时,安全阀系统可自动关闭。如果液压、气压或气液联动系统出现了故障,安全阀系统不能自动关闭时,也会引发井口失控现象。

2.2.2　井喷与井喷失控的主要危害

1. 酸性气体对人类生命的危害

首先受到井喷或井喷失控伤害的,无疑是井场的施工作业人员;随着气体的迅速飘移、扩散,接下来受到伤害的便是井场周边的居民和流动人员,然后再是数千米范围内的普通群众。如果地下喷出大量的 CO_2 气体,其后果同样严重,完全有可能造成一定范围内空气中氧含量的大幅下降,如遇"逆温"条件,甚至可能造成地面人员的大量窒息死亡。

2. 酸性气体对自然环境的危害

井喷和井喷失控可造成植被的严重破坏,可导致牲畜、家禽和水产品等的大量死亡。大量的 H_2S 气体通过沉积和积聚,不断向低洼处、顺风方向扩散、飘移,可以"毒死"一定范围的植被。如果在扩散过程中,遇有明火并发生爆炸,则爆炸区域内的所有生产、生活设施会受到重大破坏。在井口点火时, H_2S 混合气体燃烧后将产生 SO_2 ,而 SO_2 易溶于水,在火气中即可形成酸雨,对植被、土壤产生严重破坏。

2.3　采输作业天然气火灾爆炸

在含 H_2S 天然气的钻井、开发、集输、储运和净化过程中,天然气、H_2S 始终存在于生产施工的全过程。混合气体当中,天然气和 H_2S 都属于易燃易爆气体,火灾爆炸的风险无疑存在于所有生产环节。

2.3.1　天然气火灾爆炸风险及其危害

1.天然气燃烧的三种形式

按照天然气与空气(氧气)的混合方式划分,天然气主要有稳定燃烧、动力燃烧和喷流式燃烧三种形式。

(1)稳定燃烧

如果天然气与空气(氧气)混合发生在燃烧过程中,那么所发生的燃烧称为稳定燃烧,又称扩散燃烧。这种燃烧的特点是可燃气体从容器内出来多少,就与空气混合多少,自然也就烧掉多少,而且燃烧的速度取决于可燃气体的流出速度。燃烧时有火焰,而且持续燃烧。但只要控制得好,就不至于造成爆炸。发生火灾时,也相对容易扑救。

(2)动力燃烧

动力燃烧即常说的爆炸。如果天然气与空气(氧气)的混合发生在燃烧之前,此种情况下的燃烧便是动力燃烧。动力燃烧的破坏力极大,会造成重大的人员伤亡和经济损失。形成动力燃烧需要满足一个充分必要的浓度条件,也就是我们常说的爆炸极限。只有处于爆炸极限值范围内,可燃气体才能发生爆炸,高于或低于这个极限值范围均不会发生爆炸。可燃气体的爆炸极限值不是一个固定值,除与混合气体中的化学成分有关外,还受温度、压力和惰性气体等因素的影响。

纯净天然气的爆炸浓度通常为 $4.3\%\sim15\%$,H_2S 的爆炸浓度为 $4.6\%\sim46\%$。而对于含 H_2S 的混合气体来说,H_2S 气体的爆炸极限较大,会使混合气体的爆炸危险性增加。可以看出,我们在生产施工过程中大量发生的先泄漏后突遇明火燃烧,均属于动力燃烧。井喷过程中,由于井场先充满大量的天然气体,此时偶遇明火的燃烧,自然也属于动力燃烧。

（3）喷流式燃烧

天然气处于压力条件下发生的燃烧属于第三种燃烧形式，叫喷流式燃烧。这种燃烧的特点是火焰高、燃烧强度大，发生火灾时不易扑救。通常采取的灭火方式是首先设法关闭天然气的出口，迅速冷却出口，然后再用氮气、干粉进行灭火，也可用几只高压水枪交叉灭火。

2. 生产施工现场的燃烧类型分析

对于天然气钻井、开发、集输和净化生产过程来讲，稳定燃烧、动力燃烧和喷流式燃烧三种形式都有可能发生。例如，油气集输场站和净化厂火炬在生产过程中或是维修过程中的放空燃烧，属于稳定燃烧。假设油气集输场站集输设施、集输管道，以及净化厂生产装置发生穿孔泄漏，如果发现不及时，产生大量混合可燃气，突遇火源而引起的燃烧，则属于动力燃烧；如果发生泄漏的装置是压力容器设备，天然气从高压容器内喷出，此时发生的燃烧，则属于喷流式燃烧类型。

天然气发生燃烧，应该把不安全的动力燃烧变为安全的稳定燃烧。这也是我们在对油气管道（容器）进行焊接补漏时，为什么往往优先选择带压不置换动火的原因，其目的就是防止形成动力燃烧条件。

就钻井施工作业出现的井涌现象而言，在压井抢险过程中，为防止井口压力持续升高，通常要在放喷口进行放喷点火，并将喷出的天然气燃烧掉，这属于稳定燃烧。当发生井喷失控时，地下的高压可燃气体自井内猛烈喷放出来，只好在井口点火燃烧，此时则属于喷流式燃烧。喷流式燃烧虽然不如稳定燃烧安全，但"两害相较取其轻"，在井口点火燃烧，虽然天然气资源会同钻井设备一起烧掉，但却有效避免了 H_2S 中毒引起的人身伤亡事故发生。

2.3.2 含 H_2S 天然气火灾爆炸特殊风险

1. SO_2 的形成及其危害

与普通天然气不同的是，高含 H_2S 的天然气在燃烧过程中会同时生成 SO_2 这一化学危险品，这是天然气中的 H_2S 组分在燃烧过程中氧化反应的必然产物。SO_2 的性质以及对人体的危害等方面的内容在 1.4 节已有叙述。

2. 铁的硫化物生成及其危害

在生产设备或容器中加工或储存含有硫、H_2S 和有机硫化物时，硫元素与器壁上的铁元素长期相互作用，便生成了 FeS 和 Fe_2S_3，其主要危害特性是具有较强的自燃性。高含 H_2S 的天然气在集输、储存和净化生产过程,不可避免地要与硫元素频繁接触,而集输、储存和净化天然气的设备又都是铁制品,完全不生成 FeS 和 Fe_2S_3 是不现实的。所以,只有在生产设备的内表面涂刷防腐涂料,防止产生 FeS 和 Fe_2S_3。如果器壁上已生成 FeS 和 Fe_2S_3,就必须及时予以清除,免得自燃条件的形成。

应该特别强调的是,硫化物自燃时并不出现火焰,只发热到炽热状态,就足以引起可燃物质着火。尤其是当容器中还有少量的石油产品,其蒸气浓度达到爆炸极限时,或是在混有可燃气体的空气中,便可发生自燃而引起火灾或爆炸。

2.4　采输作业硫化氢腐蚀

2.4.1　腐蚀定义及分类

广义的腐蚀定义为:材料在环境的作用下引起的功能失效。金属及其合金的腐蚀主要是化学、电化学引起的破坏,有时伴随有机械、物理或生物作用,不包含化学变化的纯机械破坏不属于腐蚀范畴。目前广泛接受的材料腐蚀定义是:材料因受环境介质的化学作用而破坏的现象。

常见的腐蚀按其作用原理分为化学腐蚀和电化学腐蚀。

1.化学腐蚀

化学腐蚀指金属与非电解质直接发生化学作用而引起的破坏。化学腐蚀是在一定的条件下,非电解质中的氧化剂直接与金属表面的原子相互作用,即氧化—还原反应是在反应粒子相互作用的瞬间于碰撞的那一个反应点上完成的。在化学腐蚀过程中,电子的传递是在金属与氧化剂之间直接进行,因而没有电流发生。金属的高温氧化和钢水表面的氧化皮都属于化学腐蚀。

2.电化学腐蚀

电化学腐蚀指金属与电解质发生电化学反应而产生的破坏。任何一种按电化学机理进行的腐蚀反应至少包括一个阳极反应和一个阴极反应,并与流过金属内部的电子流和介质中定向迁移的离子联系在一起。阳极反应是金属原子从金属转移到介质中并放出电子的过程,即氧化反应;阴极反应是介质中的氧化剂夺取金属的电子发生还原反应的还原过程。例如碳钢在酸中腐蚀时,在阳极区 Fe 原子被氧化成 Fe^{2+},所放出的电子由阳极通过钢本身流到钢表面的阴极区(如 Fe_3C)上,与介质中的 H 作用还原成 H_2,反应式如下:

阳极反应:$Fe \longrightarrow Fe^{2+} + 2e$

阴极反应:$2H^- + 2e \longrightarrow H_2 \uparrow$

总反应:$Fe + 2H^- \longrightarrow Fe^{2+} + H_2 \uparrow$

由此可见电化学腐蚀的特点是:

①介质为离子导电的电介质。

②金属-电解质界面反应过程因电荷转移而引起的电化学过程必须包括电子和离子在界面上的转移。

③界面上的电化学过程可以分为两个相互独立的氧化和还原过程,金属-电解质界面上伴随电转移发生的化学反应称为电极反应。

④电化学腐蚀过程伴随电子在金属内的流动,即电流的产生。

硫化氢引起的油气生产设备的腐蚀都属于电化学腐蚀。

2.4.2　硫化氢腐蚀

硫化氢对金属的腐蚀是氢去极化过程,反应式如下:

阳极:$Fe \longrightarrow Fe^{2+} + 2e$

　　　$H_2S + H_2O \longrightarrow H^+ + HS^- + H_2O$

　　　$HS^- + H_2O \longrightarrow H^+ + S^{2-} + H_2O$

阴极:$2e + 2H^+ + Fe^{2+} + S^{2-} \longrightarrow 2H + FeS$

Fe 与 H_2S 总的腐蚀过程的反应:

$$xFe + yH_2S \longrightarrow H_2O + 2yH + Fe_xS_y$$

上述反应式简化表述了硫化氢对金属材料的电化学失重腐蚀机理,而实际腐蚀机理要复杂得多。Fe_xS_y 表示各种硫化铁通式,钢材受到硫化氢腐蚀以后阳极的最终产物就是硫化铁。该产物通常是一种混合物,包括硫化亚铁(FeS)、二硫化铁(FeS_2)、三硫化二铁(Fe_2S_3)等物质。它是一种有缺陷的结构,与钢铁表面的黏结力差,易脱落,易氧化,且电位较高,于是作为阴极与钢铁基体构成一个活性的微电池,其电位差可达 $0.2 \sim 0.4$ mV,对钢铁基体继续进行腐蚀,导致油气田设备、工具产生很深的"溃烂"。金属的电化学失重腐蚀是集中在金属局部区域——

阳极区,阴极区没有金属腐蚀,因此硫化氢引起的电化学失重腐蚀实质上是局部腐蚀。局部腐蚀是设备腐蚀破坏的一种常见形式,工程中重大突发腐蚀事故多是由于局部腐蚀造成的。

由此可见,硫化铁是一种硫化氢与铁或者废海绵铁(一种处理材料)的反应产物,当暴露在空气中,会自燃或燃烧。当硫化铁暴露在空气中时,要保持潮湿直到其按适用的规范要求进行了废弃处理。硫化铁垢会在容器的内表面和脱硫过程的胶溶液的过滤元件上积累下来,当暴露在大气中时,就有自燃的危险。硫化铁的燃烧产物之一是二氧化硫,必须采取正确的安全措施处理这些有毒物质。

硫化铁自燃现象在装置检修、清管等作业时最容易发生。因此,在含硫天然气生产及输送设备开、停、检修及清管等过程中,应采取有效措施,防止发生硫化铁自燃并引发火灾、爆炸事故发生。

2.4.3 硫化氢腐蚀的类型

在常温常压下,干燥的硫化氢对金属材料无腐蚀破坏作用,但是硫化氢易溶于水而形成湿硫化氢环境,钢材在湿硫化氢环境中才易引发腐蚀破坏,影响油气田开发和石油加工企业正常生产,甚至会引发灾难性的事故,造成重大的人员伤亡和财产损失。

硫化氢水溶液对钢材发生电化学腐蚀的产物之一就是氢。反应产物氢一般认为有两种去向,一是氢原子之间有较大的亲和力,易相互结合形成氢分子排出;另一个去向就是由于原子半径极小的氢原子获得足够的能量后变成扩散氢而渗入钢的内部并溶入晶格中,固溶于晶格中的氢有很强的游离性,在一定条件下将导致材料的脆化(氢脆)和氢损伤。目前氢脆较公认的机理是氢压理论,一般认为,湿 H_2S 环境中的开裂有氢鼓泡(HB)、氢致开裂(HIC)、硫化物应力腐蚀开裂(SSCC)、应力导向氢致开裂(SOHIC)4 种形式。

1. 氢鼓泡

氢鼓泡(HB)腐蚀过程中析出的氢原子向钢中扩散,在钢材的非金属夹杂物、分层和其他不连续处易聚集形成分子氢,由于氢分子较大难以从钢的组织内部逸出,从而形成巨大内压导致其周围组织屈服,形成表面层下的平面孔穴结构称为氢鼓泡,其分布平行于钢板表面。它的发生无需外加应力,与材料中的夹杂物等缺陷密切相关。

2.氢致开裂

氢致开裂(HIC)在氢气压力的作用下,不同层面上的相邻氢鼓泡裂纹相互连接,形成阶梯状特征的内部裂纹称为氢致开裂,裂纹有时也可扩展到金属表面。HIC 的发生也无需外加应力,一般与钢中高密度的大平面夹杂物或合金元素在钢中偏析产生的不规则微观组织有关。

3.硫化物应力腐蚀开裂

硫化物应力腐蚀开裂(SSCC)湿 H_2S 环境中腐蚀产生的氢原子渗入钢的内部固溶于晶格中,使钢的脆性增加,在外加拉应力或残余应力作用下形成的开裂,叫做硫化物应力腐蚀开裂。SSCC 通常发生在中高强度钢中或焊缝及其热影响区等硬度较高的区域。硫化氢应力腐蚀开裂和硫化氢引起的氢脆断裂没有本质的区别,不同的是硫化氢应力腐蚀开裂是从材料表面的局部阳极溶解、位错露头和蚀坑等处起源的,而应力导向氢致开裂裂纹往往起源于材料的皮下或内部,且随外加应力增加,裂源位置向表面靠近。

4.应力导向氢致开裂

应力导向氢致开裂(SOHIC)(氢脆)在应力引导下,夹杂物或缺陷处因氢聚集而形成的小裂纹叠加沿着垂直于应力的方向(即钢板的壁厚方向)发展导致的开裂称为应力导向氢致开裂,即氢脆。

2.4.4　影响硫化氢腐蚀的主要因素

1.硫化氢浓度(或分压)

硫化氢浓度对金属电化学失重腐蚀的影响如图 2.1 所示。当硫化氢浓度由 2 ppm 增加到 150 ppm,金属腐蚀速率迅速增加;硫化氢浓度增加到 400 ppm,腐蚀速率达到高峰;但当硫化氢浓度继续增加到 1 600 ppm 时,腐蚀速率反而下降(由于金属材料表面形成硫化铁保护膜);当硫化氢浓度在 1 600 ～ 2 400 ppm 时,则腐蚀速率基本不变。

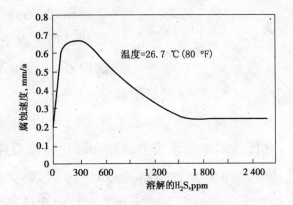

图 2.1　软钢在不同浓度硫化氢水溶液中的腐蚀速率

在涉及硫化氢浓度对金属氢脆和硫化物应力腐蚀开裂的影响时,往往以含硫化物气体的总压力和硫化氢分压作为衡量指标。

因此,标准规范要求:天然气的总压等于或大于 0.4 MPa(60Psi),而且该天然气中硫化氢分压等于或大于 0.000 3 MPa,或硫化氢含量大于 75 mg/m³(50 ppm)的天然气属酸性环境,必须考虑使用抗硫金属材料。

2.细菌腐蚀

在细菌腐蚀中,危害最大的是硫酸盐还原菌和硫菌,80%生产井的设备腐蚀都与硫酸盐还原菌有关。细菌腐蚀易发生在积水的设备、管柱部位,如容器、油井套管柱、冷却冷凝设备底部等。硫酸盐还原菌不断氧化水中的分子氢,从而使亚硫酸盐和硫酸盐转变成硫化氢:

$$2H^+ + SO_4^{2-} + 4H_2 \longrightarrow H_2S + 4H_2O$$

介质中仅有硫化氢时,铁的腐蚀速度为 0.3~0.5 mm/a,而硫酸盐还原菌的存在则会加剧油气田设备、管材的腐蚀。

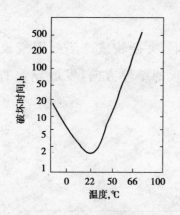

图 2.2　温度对硫化物应力腐蚀的影响

3.温度

温度对硫化物应力腐蚀开裂的影响较大,在一定温度范围内,温度升高,硫化物应力腐蚀开裂倾向减小。如图 2.2 所示,在 25 ℃左右,金属被破坏所用的时间最短,硫化物应力腐蚀最为活跃;当温度升高到一定值(93 ℃)以上,氢的扩散速度极大,反而从钢材中逸出,不会发生硫化物应力腐蚀。

因此,当井下温度高于 93 ℃时,油气井中的套管和钻挺可以不考虑其抗硫性能。对电化学失重腐蚀而言,温度升高则腐蚀速度加快。研究表明,温度每升高 10 ℃,腐蚀速度增加 2~4 倍。

4.pH 值

pH 值对电化学失重腐蚀和硫化物应力腐蚀开裂的影响都大。随 pH 值的降低,电化学失重腐蚀加剧;当 pH<6 时,硫化物应力腐蚀开裂严重,pH>9 时,就很少发生硫化物应力腐蚀开裂。故而在钻开含硫地层后,钻井液的 pH 值应始终控制在 9.5 以上。

第 3 章
天然气采输作业硫化氢防护

本着"以人为本、预防为主"的安全理念,针对含 H_2S 气田开发过程中各个生产环节存在的主要风险和危害,采取科学有效的预防措施和管理方式,完全能够将风险降到最低,从而杜绝灾难性事故发生。当然,降低风险、规避风险的措施有很多,其中最关键的措施主要有人员素质管理、气防安全管理、井控安全管理、安全间距管理、防火防爆管理和环境保护管理等方面。本章主要分析天然气生产作业中的采输作业、其他涉硫作业、硫化氢腐蚀防护等方面的硫化氢防护措施。

3.1 采输作业硫化氢防护

国外通过高含硫气田的开采工作,积累了丰富的开采经验,形成了比较成熟的采气工艺技术。国内因酸性气田勘探开发较晚,目前在低含硫气田的开发技术和安全管理上都相对成熟,但对于高含硫的天然气田的开发还处于探索阶段,在装备水平方面还相对落后,与国外相比还有一定差距。

3.1.1 完井作业硫化氢防护

国外高含硫天然气气田的完井工艺技术比较完善,主要采用生产封隔器一次性完井工艺管柱永久完井,配合绳索式工具进行测压、试井,并开展油层改造等井下作业。国内含硫气井完井工艺方面,主要的工艺有:套管射孔完井时,采用油管传输射孔技术;推广电缆桥塞代替注水泥塞的技术;采用保护油气层的压井液、射孔液;采用材质为 C-75、C-90、AC-80S、AC-90S 等抗硫油套管;使用密封性较好的油管扣;试验生产封隔器永久完井工艺;应用 KQ-70、KQ-105 MPa 抗硫采气井口装置;推广混气水排液和液氮排液采气技术等。

1. 永久性封隔器完井

采用带永久式封隔器、套管(尾管)射孔,是开采含 H_2S 气井时保护套管免受酸性气体腐蚀的关键技术之一。可选用国外贝克休斯、哈里伯顿 BWH 型及国产的川-251 型永久性式插管封隔器配以活动插管,确保在井内温度和压力变化下能自由伸缩,使封隔器受力合理并满足生产需要。川渝气区在开发罗家寨飞仙关组含 H_2S 气藏均采用永久性封隔器完井(见图 3.1、图 3.2)。

2. 选用的油管、套管应进行三轴向等值应力设计

由于含 H_2S 气井压力高、工作条件恶劣,首先要选择能抗 H_2S 应力腐蚀开裂的材料,然后再选择适当的尺寸、重量、钢级与扣型。美国已发展了一种应用最大挠曲应力公式——Von Mises 技术设计的含 H_2S 气井的油、套管柱。此方法将三向载荷联合起来考虑,克服了在常规设计中通常使用单项设计法的不足,使管柱更能适应气井井下受载情况,效果良好。

3. 合理选择大管径生产,以提高含 H_2S 气藏的单井产能和开发效益

气井生产管柱可采用生产系统分析法等多种方法予以确定。通常对单井产气量较大的气井都采用 3.5 in 以上的较大管径油管生产,以提高气井单井产能采气速度,缩短含 H_2S 气藏的整体开发时间。

4. 设置安全阀

在地面与井下可分别设置地面、井下安全阀,以避免和减少井口失控导致的 H_2S 危害。

5. 《石油井口装置额定工作压力与公称通径系列》(SY 5279.1—91)

根据《石油井口装置额定工作压力与公称通径系列》(SY 5279.1—91)的规定,按井口最大关井压力选用抗 H_2S 采气井口装置闸阀和角式节流阀的阀体、大小四通均采用碳钢或低合金钢锻造制作,其性能均应满足标准的要求。阀杆密封填料采用氟塑料、增强氟塑料制作。"O"形密封圈宜采用氟橡胶制作。

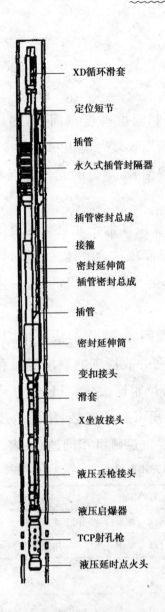

图 3.1　插管封隔器完井管柱

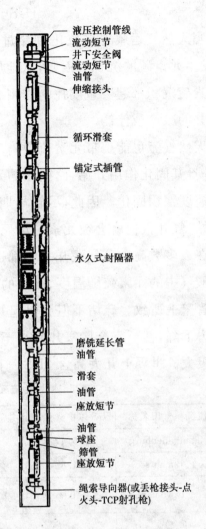

图 3.2　一次性下入封隔器完井管柱

3.1.2　含硫气井中元素硫的沉积及溶硫剂的注入

1.含硫气井中元素硫的沉积机理

元素硫存在于火山、某些煤、石油及天然气中。同时,元素硫也可以纯化学晶体的形式出现于石灰岩的沉积层内。在这些来源中,最丰富的来源是含硫天然气中的硫化氢。

国外学者研究认为,地层中的元素硫靠三种运载方式而带出:一是与硫化氢结合生成多硫化氢;二是溶于高分子烷烃;三是在高速气流中元素硫以微稠状(地层温度高于元素硫熔点时)随气流携带到地面。

在地层条件下,元素硫与 H_2S 结合生成多硫化氢:

$$H_2S+S_y \longrightarrow H_2S_{y-1}$$

当天然气运载着多硫化氢穿过递减的压力和温度梯度剖面时,多硫化氢分解,发生元素硫的沉积。因此,从地层到井口的流压梯度和地温梯度的变化,对确定元素硫沉积都起着重要控制作用。无论井底或油管,少量的元素硫沉积都可造成气井的减产或停产。

天然气流也能携带元素硫微滴。但是,当气流温度低于元素硫的凝固点以下时,一旦其固化作用开始,已固化的元素硫核心将催化其余液体元素硫,以很快的沉积速度聚积固化。因此,尽管早期采气没有发生元素硫沉积,但是一旦固化作用开始,气井很快就会被元素硫堵死。

在大多数高含硫气藏开采中都遭遇到硫沉积问题,进而造成硫堵,其主要原因是酸气中的元素硫随温度、压力的下降而沉积在井底周围的地层缝隙和井下生产油管壁上所致。硫堵不但会引起井下金属设备严重腐蚀,而且还会导致气井生产能力下降,甚至完全堵塞井底直至关井。硫沉积引起的腐蚀、堵塞造成的经济损失极大。世界上几大高含 H_2S 气田开发中都发生过硫沉积问题(见表 3.1)。

表 3.1　发生硫沉积的气田及沉积井段简况表

发生硫沉积气田名称		H_2S 体积含量/%	井底温度 ℃	井底压力/MPa	备　注
德国	Sudoldenburg	5.4	142	46.0	在井段 1 800 m 严重沉积
	Buchorst	4.8	133.8	41.3	井底有积液
加拿大	Devonian	10.4	102.2	42.04	干气、在井筒 4 115~4 267 m 处沉积
	Crossfield	34.4	79.4	25.3	在有凝析液存在的情况下沉积
	Leduc	53.5	110.0	32.85	干气、在井筒 3 353 m 处沉积，估计气体携带量为 120 g/m³
美国	Josephine	78.0	198.9	98.42	沉积量为 32 g/m³
	Murray Franklin	98.0	232.2~260.0		井底有积液

从表 3.1 可以看出,井深、井底条件及气体 H_2S 含量大不相同的气井都发生了硫沉积现象。多年研究与现场观察结果表明,含硫气井的天然气中元素硫含量超过 0.05% 时,就可能产生硫沉积,而硫沉积量的多少与天然气的气体组成、采气速度及地层压力、温度密切相关。

因此,通过分析,影响元素硫沉积的主要因素有:

(1)气体组成

一般而言,H_2S 含量愈高愈容易发生元素硫沉积。当然,这不是唯一因素。有的气井 H_2S 含量仅 4.8% 就发生硫堵塞,有的气井 H_2S 含量高达 34% 以上却未发生堵塞。但从统计角度看,H_2S 含量高于 30% 以上的气井大部分都发生硫堵塞。发生硫堵塞气井的 C_5 以上烃含量均很低,或者为零,而且也不含芳香烃,C_5 以上烃组分(还有苯、甲苯等)很像是硫的物理溶剂,它们的存在往往能避免硫沉积。CH_4、CO_2 等其他组分以及气井产水量则没有发现与硫沉积有直接关系。

(2)采气速度

气体在井内的流速直接关系到气流携带元素硫的效率。流速愈高,则愈能有效地使元素硫粒子悬浮于气体中带出,从而减少了硫沉积的可能性。现场调查发现,发生硫堵塞的井采气量都在 $28.2 \times 10^4 m^3/d$ 以下,采气量超过 $42.3 \times 10^4 m^3/d$ 的井均未发生硫堵塞。提高采气速度有利于解决硫堵塞的问题。

(3)井底温度和压力

这两个因素的影响比较复杂,据资料报道,地层温度和压力较高的井容易发生硫沉积。当气体从地层进入井筒到达井口时,由于流体阻力和温度下降,导致硫析出。井底温度、压力与井口温度、压力的差越大,硫越容易析出。

从采气角度看,由气井生产方式,控制井筒压力和温度的变化,有可能限制元素硫井底或油管中沉积。显然,控制范围是十分有限的,必须从溶硫机理入手,寻找解决元素硫沉积的其他方法。

2.溶硫剂及其注入方式

(1)溶硫剂

对出现元素硫沉积的气井,向井口注入溶硫剂是当今解决硫堵的有效措施。

溶硫剂可按其作用原理分为两类:物理溶剂,如脂肪族烃类、硫醚、二硫化碳等;化学-物理溶剂,如胺类等。选择溶硫剂的标准是:有很高的吸硫效率,能溶解大量的元素硫,活性稳定且价廉。

评价溶硫剂的方法:10 min 吸硫试验和 30 min 吸硫试验,即测量指定时间内所能溶解的硫量。

(2)溶硫剂的注入

溶硫剂可用平衡罐(或泵)注入含硫气井,溶硫剂的注入量取决于元素硫在含硫天然气井中的溶解度、井筒温度和压力、天然气的组成和喷注方式等因素。注入的溶硫剂返出后,应进行再生,完成硫的回收。注入方法,可根据溶硫剂特性和井内情况而定,一般采用周期注入和连续注入两种方式,具体与缓蚀剂注入方式类似。

3.1.3　管线解堵作业安全管理及硫化氢防护

解堵作业是指用水泥车或专用设备(或利用化学药剂)对管线因液体凝固或沉积物造成堵塞的疏通作业,分压力解堵和化学解堵(注水管线酸洗),不适用于油气井井筒的热洗、清蜡、解堵等作业。

1. 基本要求

①管线解堵作业实行许可管理。易燃易爆或有毒介质的管线解堵作业应办理《管线解堵安全许可证》后,方可作业。

②现场作业人员须要经过培训,了解管线解堵、化学制剂等相关知识,掌握操作技能。

③解堵用相关设备(设施)应经过检验合格。

④严禁用火烧处理冻堵管线。

2. 危害识别

①生产单位应根据作业内容,组织工程技术、安全、作业人员进行危害识别,编制《解堵施工方案》,制定相关程序和防控措施。

②化学解堵前,应对要解堵垢进行取样、化学药剂及反应生成物进行分析,如产生硫化氢物质,在施工方案中应制订有毒介质外溢(泄漏)防范控制措施和应急处置程序。

③采取分段方式进行解堵时,应制订防范机械伤害和环境污染的控制措施和应急处置程序。

3. 作业许可

①普通管线解堵,由作业队工程技术人员编写《解堵施工方案》,基层队现场负责人审批后实施。

②易燃易爆或有毒介质的管线解堵作业,由作业队工程技术人员依据《解堵施工方案》和危害识别结果、作业程序和防控措施,填写《管线解堵安全许可证》,基层队现场负责人现场确认后签发。

③地面集输管线除垢解堵的化学处理中,使用盐酸清除硫酸亚铁沉积物,会形成硫化氢气体,执行《硫化氢作业安全管理规定》。

④采取分段方式进行解堵时,应有 HSE 管理部门、专业主管部门对解堵方案现场确认(主要涉及用火作业)。

⑤作业前准备:施工现场负责人应召开现场交底会,对施工作业人员进行技术交底和风险告知。现场 HSE 管理人员及相关人员应对方案的安全措施落实情况进行检查确认,主要包括:作业现场警示标志设置、隔离区域划分、施工车辆和设备摆放位置、安全通道、采用化学解堵介质取样分析结果、环保措施等。

⑥验证《作业许可证》后由现场负责人组织开工。

4. 施工过程控制

①在泵车开始增压前,应排净连接管线内的空气。

②泵车在开始增压时应先用低挡位缓慢增压,逐步用高挡位,当接近被解堵管线设计压力时,应采用低挡位。

③增压过程中发现管线压力突然下降应立即停止增压。

④操作工不能离开操作平台,根据压力变化及时处理,解堵压力控制在解堵方案规定压力以内。

⑤作业人员不能离开现场,但应在隔离区域外安全地带。

⑥解堵易燃易爆或有毒介质(如硫化氢)的管线时,现场必须配备消防器材和空气呼吸器。

⑦在室内管线上解堵作业时,若发生有毒介质外溢时,要佩戴空气呼吸器进入室内查看,防止发生中毒窒息事故。

⑧夜间解堵作业现场应配备足够的照明设施,施工区域应当有明显警示标志。

5. 施工后的处置

①管线解堵成功后,应将解堵废液用罐车回收拉至污水处理站,处理达标后随油田污水回注。在处理已知或怀疑有硫化氢污染的废液过程中,人员应保持警惕。处理和运输含硫化氢的废液时,应采取预防措施;储运含硫化氢废液的容器应使用抗硫化氢的材料制成,并附上标签。

②采用分段方式解堵,恢复生产前,应对解堵管线进行试压,执行《试压作业安全管理规定》。

6.容易发生事故的环节

①压力设定不当造成次生事故,主要是管线爆裂、憋坏设备、人员受伤的事故和险兆。

②管线解通瞬间极易伤人。

③化学解堵发生有毒气体逸出造成施工人员中毒事故。

3.1.4 酸化压裂作业安全管理及硫化氢防护

压裂是指利用各种方式产生高压,作用于储层形成具有一定导流能力的裂缝,可使开发井达到增产(注)目的的工艺措施。酸化是指将配制好的酸液在高于吸收压力且又低于破裂压力的区间注入地层,借酸的溶蚀作用恢复或者提高近井地带油气层渗透率的工艺措施。

1.基本要求

①单井施工作业方案应经项目建设方技术负责人审批后,施工单位负责人应对防范控制措施和作业现场条件确认后,签发《酸化压裂作业安全许可证》,方可实施。

②作业人员应经过相关知识培训,持证上岗,掌握酸化压裂作业操作技能。

③酸化压裂相关设备(设施)应经过检验合格。

2.危害识别

①项目设计单位(或技术服务方)应向施工单位进行技术交底,明确告知施工过程的危害、风险及需要采取的防护措施。

②根据工作任务和项目建设方提供的《地质方案》和《工程方案》,队长(项目经理)组织技术、安全员、参加现场酸化压裂等有关人员,认真开展危害分析,制定防范控制措施,编制单井《HSE作业指导书》。

3.作业许可

①现场HSE管理人员对应对防范控制措施和作业条件现场检查,填写《酸化压裂作业安全许可证》。

②队长(项目经理)现场确认后,签发《酸化压裂作业安全许可证》。

③施工前验收:酸化压裂的开工验收由项目建设方组织,或委托监理单位和施工方共同实施。验收内容应当包括:施工井作业准备、井口控制装置、酸化压裂用液配制、现场摆放、人员持证和装备到位情况等。

4. 施工现场标准

①酸化压裂现场应坚实、平整、无积水,并设置警戒标识,作业区域的出入口应有警示和告知。

②施工作业车辆、液罐应摆放在井口上风方向,且与各类电力线路保持安全距离(通常在作业指导书中明确两个集合点,以适应风向变化)。

③现场车辆摆放应合理、整齐,保持间距,作业区域内的应急通道应畅通,便于撤离。

④地面高压管线应使用钢质直管线,并采取锚定措施;放喷管线应接至储污罐或现场排污池,末端的弯头角度应不小于 120°。

⑤气井放喷管线与采气流程管线应分开,避开车辆设备摆放位置和通过区域。

⑥天然气放喷点火装置应在下风方向,距井口 50 m 以外。

⑦储污罐或排污池应设在下风方向,距井口 20 m 以外。

⑧压裂施工现场除按常规配备灭火器材和急救药品外,还应安排消防车、急救车现场值勤;消防车宜摆放在能够控制井口的位置。

⑨进入施工作业现场的所有人员应穿戴相应的劳动安全防护用品,并在现场登记表上签到;酸化作业应穿戴专用的防酸服,施工单位应对进入现场的人员进行清点。

⑩酸化压裂施工作业时,所有操作人员应坚守岗位,按照现场指挥人员的指令进行操作;设计单位和上级部门的人员经施工单位现场负责人同意后可以进入指挥区域;其他人员不应在作业区域内停留。

⑪酸化压裂应按设计方案进行,实施变更应当经过原设计单位的现场技术负责人批准;压力、配方等变更应取得原设计单位的文件化变更资料后方可实施。

⑫现场指挥人员应组织有关人员对无绳耳机、送话器等通讯工具进行检查确认,保证现场指令和信息准确传递。

⑬井口装置、压裂和放喷管汇均应按照施工设计进行试压,合格后方可施工。

⑭试压过程中井口、管汇发现的不合格项应在压力释放后进行整改,任何对井口装置、管汇、弯头及其连接部位的紧固操作不应在承压状态下进行。

⑮酸化、酸压施工作业应密闭进行,注酸结束后用替置液将高、低压管汇及泵中残液注入井内。

⑯压裂设备正式启动后,现场高压区域不允许人员穿行;液罐上部人员应位于远离井口一侧的人孔进行液位观察;酸液计量人员应有安全防护措施,其他人员不宜到罐口;台上部分操作人员和其他现场人员均应居于本岗位有利于防护的位置。

⑰施工过程中井口装置、高压管汇、管线等部位发生刺漏,应在停泵、关井、泄压后处理,不应带压作业。

⑱混砂车、液罐供液低压管线发生刺漏,应及时采取整改或防污染措施。

⑲压裂施工不应在当天 16:00 以后开工。

⑳施工过程中发现异常情况应立即向现场指挥人员汇报,按照指令或应急程序操作。

㉑现场其他应急情况依照《HSE 作业指导书》进行处置。

㉒酸化压裂停泵后由施工方组织关井,现场各方应清点人数,现场负责人发出施工结束的指令后,地面人员按照规程依次拆除酸化压裂管汇。

㉓现场相关方的人员撤离应当避开地面人员施工区域,施工车辆撤离现场应有专人指挥。

㉔施工中产生的固体废弃物由酸化压裂队进行回收,大罐中剩余酸化压裂废液回收后送至建设方指定位置进行处理。

㉕施工方对现场恢复后,应告知作业队,由作业队实施下一步工序。

㉖施工单位在完成现场搬迁后,应召开 HSE 讲评会,对施工中存在的不符合项制定改进措施。

5.容易发生事故的环节

(1)整个系统连接好后试压环节,易造成人员伤害

(2)压裂施工高压区的风险造成伤害

(3)加砂之后突然泄压造成的设备损坏和人员风险

(4)放射源伤害

(5)放喷过程中因管汇、人员操作失误引发的风险

3.1.5 油气集输站场和湿气管道硫化氢防护

油气集输站场和湿气管道的硫化氢防护问题在许多标准规范中都有这方面的条款,如 AQ2012、AQ2016、AQ2017、AQ2018、GB50183、GB50350、SY4118、

SY4212、SY6779、SY/T4117、SY/T4119、SY/T6137、SY/T5225 等，下面就油气集输站场和湿气管道安全距离、部分规范要求分析油气集输站场和湿气管道的硫化氢防护。

1. 油气集输站场和湿气管道安全距离

距离防护是安全环保管理的基本原则之一，而对于含 H_2S 气田的钻井、开发、技术和净化等各个生产环节来说，距离防护具有无可替代的作用，具有十分重要的意义。钻井井场等安全距离要求具体见第 3 章 3.1 节。

落实距离防护需要从源头抓起，对于钻井、井下作业等流动性施工作业而言，应该从地质设计、钻前施工和设备安装阶段着手规划考虑，并严加落实；对于集输站场、湿气管道和脱硫净化厂等，应在项目可研、初步设计等前期工作开始规划，并分步实施。

集输站场的安全距离问题，一般都采用《石油天然气工程设计防火规范》(GB 50183—2004)，因为这一标准依据油气站场的总体储量和单罐最大储量，将油气集输站场分成 5 个等级，并针对每个等级确定了不同的安全距离条款。但对于高含硫天然气站场安全距离取决于 H_2S 的设防要求，而不取决于防火防爆距离要求。因为有毒气体的防护标准大大高于防火防爆标准。因此不能套用《石油天然气工程设计防火规范》(GB 50183—2004)的分级标准和安全距离条款。

(1)《含硫化氢天然气井公众安全防护距离》(AQ 2018—2008)中，对含硫化氢天然气井公众安全防护距离问题作出了明确的规定

1)天然气中硫化氢含量大于 75 mg/m^3(50 ppm)，且硫化氢释放速率不小于 0.01 m^3/s 的天然气井。硫化氢释放速率的确定方法见《含硫化氢天然气井公众危害程度分级方法》(AQ 2017—2008)。

2)气井公众危害程度等级为三级：井口距民宅应不小于 100 m；距铁路及高速公路应不小于 200 m；距公共设施及城镇中心应不小于 500 m。

3)气井公众危害程度等级为二级：井口距民宅应不小于 100 m；距铁路及高速公路应不小于 300 m；距公共设施应不小于 500 m；距城镇中心应不小于 1 000 m。

4)气井公众危害程度等级为一级：井口距民宅应不小于 100 m，且距井口 300 m 内常住居民户数不应大于 20 户；距铁路及高速公路应不小于 300 m；距公共设施及城镇中心应不小于 1 000 m。

(2)《高含硫化氢气田地面集输系统设计规范》(SY/T 0612—2008)中,对高含硫天然气站场的安全距离问题作出了明确的规定

1)井场外新选址建设的站场应选址于地势较高处。

2)综合值班室宜选址于站场外地势较高处,位于站场的全年最小频率风向的下风侧。倒班宿舍距井口的距离不小于 100 m。

3)站场围墙宜采用空花围墙,围墙上应悬挂醒目的警示文字等安全生产标志。

4)井口 100 m 范围内应无民居及其他公共建筑物。

5)应在站场主要出入口相对的三侧围墙中至少设置一个安全出入口。该出入口宜选择在站外地势较高处,并处于站场全年最小频率风向的下风侧。

(3)根据《高含硫化氢气田集气站场安全规程》(SY 6779—2010),推荐的高含硫化氢气田集气站场人身安全防护要求为

1)硫化氢平均含量为 13%～15%(体积分数)的天然气集气站搬迁距离,距装置区边缘宜不小于 200 m,应急撤离距离宜不小于 1 500 m。

2)天然气中硫化氢平均含量低于 13%或高于 15%(体积分数)的天然气集气站,建设单位参考(1)规定,在组织专家技术论证后,可适当减小或增大搬迁距离和应急撤离距离。

3)确因工艺需要,建设单位应组织专家进行技术论证,在技术、设备和管理中采取与实地环境相适应的可靠措施后,参考《含硫化氢天然气井公众安全防护距离》(AQ 2018—2008),可适当减小搬迁距离和应急撤离距离。

2. 高含硫化氢气田集气站场安全要求

(1)设计

1)集气站的新建、改建、扩建的设计单位应具有《压力容器压力管道设计单位资格许可与管理规则》(国质检锅[2002]235 号)规定的相应级别的 GA 类或 GC1 类设计资质,A 类压力容器设计许可资质和建设部颁发的石油、化工行业甲级设计资质。

2)集气站应设置三级安全系统,即系统安全报警、系统安全截断和系统安全泄放。

3)应选择与高含 H_2S 气田相适应的阀门级别。井口应设置安全截断阀,集气站进出站干线上,应在事故状态时人所能及的位置设置耐火截断阀,具备自动

功能的耐火截断阀同时应具备手动功能。

4)含 H_2S 的气田水及经分离、清管和脱水过程中排出的污水,应采用密闭的输送和处理工艺进行处理。

5)高含 H_2S 气田集气站场应设置供气体置换使用的置换口,必要时可分区、分段设置。站内检修应将管线和设备内的高含 H_2S 气体置换至站场放空系统燃烧后排放。

6)集气站如采用缓蚀剂防腐时,应设置缓蚀剂注入口,应按规定确定腐蚀监测点,配置腐蚀监测设备,定期进行腐蚀监测结果评价。

7)集气站应设置紧急泄压放空火炬。清管设施放空气体应引入放空火炬。紧急泄压放空火炬的设置应符合 GB 50183 的规定。

8)压力容器、管件、阀门(包括安全阀)、仪表及其他零部件材料应为纯净度高、控制非金属夹杂物形态和数量的细晶粒全镇静钢,应符合《压力容器安全技术监察规程》、GB 150、SY/T 0599、GB/T 20972 规定的抗硫材料,并具有抗硫化物应力开裂(SSC)、应力腐蚀开裂(SCC)和氢致开裂(HIC)的性能。

9)压力管道材料应符合 GBIT 9711、SY/T0599、GB/T20972 规定的抗硫材料,并具有抗硫化物应力开裂(SSC)、应力腐蚀开裂(SCC)和氢致开裂(HIC)的性能。

10)站内生产设施布置应避免操作人员处于站场低洼地带。总图布置应将综合值班室处于站区全年最小频率风向的下风侧,并尽可能高于站区布置。

11)防火安全设计应符合 GB 50183 的有关规定。集气站应有值班人员事故应急疏散通道和安全门,并设置醒目标识,在集气站内醒目位置应设立风向标。

12)集气站工艺装置区应按要求安装可燃气体泄漏监测仪和相应的硫化氢泄漏检测报警装置,并宜设置防爆扩音设备和工业电视系统。

13)集气站除应配置防雷、防静电设施外,还应配置事故应急照明设施。应急照明设施应按相关规范采取防爆措施。

(2)施工及验收

1)集气站的施工应由具有相应级别的 GA 类或 GC1 类管道,A 类压力容器建造资质和石油、化工行业甲级施工资质的单位承担。

2)设备与管道的安装施工应符合 SY 0402 及其他相关标准、规范的规定。

3)集气站内设备和管道的焊接,应按 SY/T0612 的规定执行。

4)集输管道的施焊焊工,应持国家技术监督部门颁发的焊工证,并经模拟现场考试合格后才能在有效期间担任合格范围内相应的焊接工作。

5)集气站的施工应符合设计文件、施工组织设计、施工现场HSE作业指导书的规定。

6)集气站的施工应委托建设监理和质量监督。

(3)试运及验收

1)集气站试运前应完成施工交接,并对所有完工的安全设施进行检查,确认生产设施、环保和安全设施都能投入运行。

2)上下游应具备试运条件,才能投入试运。

3)集气站试运前,应编制试运方案并经批准。同时独立编制事故应急预案,并在试运前对参运人员组织培训。

4)集气站应按设计文件、施工验收规范及相关管理文件进行验收。

(4)生产管理

1)安全生产管理制度

①集气站应建立安全生产责任及相应的HSE管理制度。

②集气站在试运、生产和检修时均应有相应的操作规程,并要求操作人员严格按操作规程执行。

2)安全生产管理要点

①上岗操作人员,必须经岗位培训考核合格后,持证上岗。

②根据集气站工艺特点建立巡回检查制,确定巡回检查点、巡回检查内容和巡回检查周期。

③集气站应在明显位置设置防毒、防火、防爆等安全警示标志、防护用品存放点标识和值班人员事故应急疏散通道标识。

④作业人员在进入工艺装置区时,应携带便携式硫化氢监测仪。当空气中H_2S含量超过30 mg/m³时应佩戴正压式空气呼吸器,至少两人同行,一人作业,一人监护。

⑤检修过程中开启清管器收、发装置、过滤分离器、气液分离器、分子筛吸附器等密闭容器进行清洗、更换元器件的作业时,应采用防毒、防硫化铁粉末自燃的措施。

⑥集气站管理方应加强日常安全教育及日常安全检查。

3) 事故应急预案

① 集气站应建立泄漏、中毒、火灾、爆炸等突发事故的应急预案,经上级批准后,报当地政府备案,并将应急措施责任到人。

② 对应急预案应定期组织有关人员进行培训和演练。

4) 设备、电气仪表的维护检测

① 压力容器检测应由有检测资质的单位按《压力容器安全技术监察规程》执行,出具检测报告,建立完整的档案。

② 集气站清管器收、发装置(包括快开盲板)的使用管理应建立定期维护保养制度,维护保养后应有文字记录。

③ 集气站的设备投产后应进行腐蚀检测,集气管道投产后应按规定进行腐蚀监测,并根据检测和监测结果调整防护措施。

④ 经消防监督部门检查合格的消防设施应指定专人管理,定期检查,并做记录,以确保其完整、齐全、有效使用。

⑤ 安全阀应定期调校,合格后铅封,并做记录,起跳后应再次校验,并做记录。

⑥ 安全计量器具应经检定合格后使用。

⑦ 放空火炬点火装置应定期维护、检查。

⑧ 容器、管道防雷、防静电接地装置及电气仪表系统等应定期安全检查,并应符合 SY 5984 的要求。

(5) 人身安全防护

1) 按 SY/T 6277 及 SY/T 0612 配置安全设备和人身安全防护用品。

2) 安全设备和人身安全防护用品应指定专人管理,定期检验,并做记录。

(6) 检修

1) 检修前应制定《检修方案》,《检修方案》中应有安全篇章,并应制定应急预案。

2) 集气站检修前后的气体置换作业应按《检修方案》中制定的气体置换安全操作步骤执行。发现异常情况,应及时查明原因和排除不安全因素;情况紧急时,应启动应急预案。

3) 检修前应对检修人员进行安全培训。

4) 动火作业按 SY/T 5858 的规定执行。

5) 起重吊装作业,应按 GB/T 6067 的规定执行。

6)进入检修工地人员的着装和安全用品配备应遵守进入高含硫化氢环境工地人员着装和安全用品配备的特殊要求。

7)工艺装置中有硫化铁粉末存在的情况下,在设备、容器开启前,应考虑防止硫化铁粉末自燃的措施。

8)检修污水及其他固体危险废弃物都有散发硫化氢的可能,作业中应采取防护措施。

9)进入有限空间检修作业首先应考虑防毒、通风,进入时应携带便携式硫化氢监测仪,提前准备救援措施及工具。当空气中 H_2S 含量超过 15 mg/m^3 时,应佩戴正压式空气呼吸器,作业时至少两人同行,一人进入作业,一人在外监护。

3.2 其他涉硫作业硫化氢防护

在油田企业中,钻井、井下、炼油、测井、录井、集输、污水处理作业等较多含有已知或潜在硫化氢等有毒、有害气体,需要重视和加强硫化氢防护工作,对其实施严格的进出控制。在其他一些作业中,如进入罐、处理容器、罐车、暂时或永久性的深坑、沟等受限空间,进入有泄漏的油气井站区、低洼区、污水区或其他硫化氢等有毒有害气体易于集聚的区域时,进入天然气净化厂的脱硫、再生、硫回收、排污放空区进行检修和抢险,以及进入垃圾场、化粪池、污油池、污泥池、排污管道内、窨井等场所施工作业时,同样需要警惕和处置对已知或潜在含有硫化氢等有毒、有害气体的防护问题。

3.2.1 进入受限空间作业硫化氢防护

进入密闭设施、有限空间检修作业,要先进行吹扫、置换,加盲板;对空气进行采样分析合格,确认硫化氢、氧或烃的浓度不会着火或对健康构成危害;办理进入受限空间安全作业票后才能进入作业。但一些设备、容器在检修前需要进入排除残存的污油泥、积淀余渣等,清理作业过程中,会有硫化氢或油气等有毒有害气体逸出,因此必须制定防护措施:

1. 作业前认真进行风险辨识,制定出较完善的安全施工方案

2. 作业人员须持证上岗

作业人员经过安全技术培训,经考核合格且持有效证件,特种作业人员还必须持有与工作内容对应的特种作业人员操作证方可上岗,还须掌握人工急救、气防用具、照明及通讯工具正确使用方法;在含有和怀疑有硫化氢的环境作业人员必须经过硫化氢防护技术培训并考核合格。

3. 在进入密闭装置前的防护

在进入密闭装置(如装有含有危险浓度的硫化氢的储存油气、产出水加工处理设备的厂房)之前要特别小心;人员进入时,应确定不穿戴呼吸保护设备是安全的,否则应穿戴呼吸保护设备;佩戴适用的长管呼吸器具或正压式空气呼吸器,携带安全带(绳索)、防爆照明灯具、通讯工具及相关保护用品。

4. 进入设备、容器前的防护

进入设备、容器前,应把与设备、容器连通的管线阀门关死,撤掉余压,改用盲板封堵;对含有硫化氢或输送有毒有害介质的管线或设备、容器阻断、置换时,要严防有毒有害气体大量逸出造成事故。

5. 施工作业前的防护

施工作业前必须进行气体采样分析,根据检测结果确定和调整施工方案和安全措施;在硫化氢浓度较高或浓度不清的环境中作业,均采用正压式空气呼吸器;当作业中止超过 30 min,须重新采样分析并办理许可手续。

6. 办理进入受限空间作业票

办理进入受限空间作业票,涉及用火、高处、临时用电、试压等特殊作业时,应办理相应的许可证后,方可作业。

7. 作业时间

进入设备、容器作业时间不宜超过 30 min,在高气温或同时存在高湿度或热辐射的不良气象条件下作业,或在寒冷气象条件下作业时,应适当减低个人作业时间。

8. 施工中定时强制通风

施工中定时强制通风,氧气含量不得低于 20%(体积分数),对可能产生烟尘的作业必须配备长管呼吸器具或正压式空气呼吸器。

9.施工过程中严格执行监护制度

施工过程中严格执行监护制度,安全监护人不得擅离职守,并及时果断制止违章作业;一旦出现异常情况,立即按变更管理程序处理,及时启动应急预案。

10.施工中要保持通讯畅通

施工中要保持通讯畅通,一旦出现异常情况要正确处置,不得盲目施救;必要时可安排医务人员现场准备应对突发事件。

3.2.2　进入下水道(井)、地沟、深池等场所作业硫化氢防护

下水道(井)、地沟、深池等场所可能聚集硫化氢、沼气等有毒有害气体,进入作业必须进行风险辨识,制定缜密安全施工方案。

1.按照进入受限空间施工采样分析、办理作业许可票证

当作业位置高于 2 m 时,须办理登高作业许可票证;涉及临时用电等其他特殊作业项目时,须办理相应作业许可票证。

2.佩戴气防护具,配备防爆照明灯具、安全带(绳)和通讯设备

在硫化氢浓度较高或浓度不清的环境中作业,均用采用正压式空气呼吸器。

3.严禁在下水道进口 10 m 内动火

与交通道路距离较近的下水道口或窨井处施工要设置警戒线和警示标识,安排专人值守。

4.安装防爆风机(扇)

安装防爆风机(扇),采用强制通风或自然通风方式,确保施工区域含氧量大于20%。下水道施工应安装临时水泵或采用封堵上游来水等方法降低施工地段水位。

5.下水道(井)、地沟、深池作业的防护

下水道(井)、地沟、深池作业中注意观察,防止边壁坍塌。

6.下油池作业前的防护

下油池作业前应先用泵将污油、污水排净,用高压水冲洗置换;采样分析合格,确定施工方案和安全措施,配备气防护具,携带安全带(绳),齐全作业许可票证。

7.严格监护制度

严格监护制度,监护人不得擅离职守,并及时果断制止违章作业;一旦出现异

常情况,立即按变更管理程序处理,及时启动应急预案。

8.保持通讯畅通

保持通讯畅通,一旦出现异常情况要正确处置,不得盲目施救。

3.3　硫化氢腐蚀防护技术措施

对于含硫气井的开采技术措施很大程度上受腐蚀防护技术的影响,主要有以下几种腐蚀防护技术措施,现介绍如下:

3.3.1　材质选择

高含硫化氢气田地面集输系统设计中,管道和设备材质选择、检验应符合 SY/T 0599、GB/T 9711.3、NACE MR 0175/ISO 15156、SY/T 0612、APISPEC 5L 等系列标准的规定,同时应结合工程经验和实验室试验数据进行选材,且应优先选用标准化的、经工程检验合格的产品。

1.对高含硫气田,对管线采购可要求进行 HIC 试验

采用 NACE TM 0284 标准试验方法进行,主要考虑钢材的抗 SSC 和抗 HIC 性能。

2.酸性环境的特殊要求

硫化物应力开裂试验(SSC):按 ISO 7539-2 四点弯曲法,并采用 NACE TM0177-96 方法 A 规定的溶液及条件进行 SSC 试验。

硬度测试:在管体、热影响区(HAZ)和焊缝,最大容许硬度不超过 250HV10 (22 HRC)

氢致开裂试验(HIC):按《评定管线和压力容器用钢抗氢诱发裂纹性能试验方法》(NACE TM 0284)进行,溶液应符合 NACE TM 0177—96 的要求。试验结果应满足 ISO 3183-3 的要求:裂纹敏感率(CSR)＜2％;裂纹长度率(CLR)＜15％;裂纹厚度率(CTR)＜5％。

3.抗硫材料

选择抗硫材质时,首先应选择抗氢脆及硫化物应力腐蚀破裂性能,并采用合理的结构和制造工艺。选择抗硫材质应严格遵循我国《含硫气井安全生产技术规

定》,设计时考虑如下因素:

①新井在完井时可安装井下安全阀。

②集气管线的首端(井场)应设置高低压切断阀,末端应设置止回阀,集气管内应避免出现死端和液体不能充分流动的区域,以防止不流动的液体聚集。

③集输气管线采用优质碳钢制作,油套管选用抗硫材质。

④选择抗硫的井口装置、抗硫阀件、仪表、抗硫录井钢丝等抗硫设备。

4.选材原则

(1)满足安全可靠性原则

一般情况下,应以管道正常操作条件下原料气中的含硫量和 pH 值为设计选材的依据,并考虑最苛刻操作条件下可能达到的最大含硫量与最高酸值组合时对管道造成的腐蚀,从安全可靠性方面选择合适的材料。

对于均匀腐蚀环境,应尽可能避免管道组件壁厚急剧减薄的“材料-介质环境组合”的出现,所选材料的均匀腐蚀速率不应大于 0.25 mm/a,并应避免严重局部腐蚀的“材料-介质环境组合”的出现,如点蚀、缝隙腐蚀、冲刷腐蚀、磨损腐蚀等。当不可避免时应采取其他有效的防止措施。

对于应力腐蚀环境,应尽可能避免应力腐蚀开裂的“材料-介质环境组合”的出现。当选用低等级材料因均匀腐蚀速率过大,而改选用高等级材料时,应考虑可能出现的其他更危险的腐蚀类型,如局部腐蚀或应力腐蚀开裂。

有同样操作条件的各管道组成件时,应选取相同或性能相当的材料。与主管相接的分支管道、吹扫管道等的第一道阀门及阀前管道,均应选取与主管相同或性能相当的材料,并取相同的腐蚀裕量。

(2)满足经济性原则

设计选材时,应综合考虑管道组件的使用寿命、成本及施工和正常的维护保养等费用,使综合经济指标合理。一般情况下,应优先选用标准化、系列化的材料。对于均匀腐蚀环境,如果选用低等级材料将产生较大的腐蚀速率而选用高等级材料时,可通过综合经济评价加以确定。

(3)考虑管道结构可能带来的影响

应充分考虑介质在管道中的流速、流态、相变等因素对材料腐蚀的影响,当可预见能发生严重的冲刷腐蚀时,应采取加大流通面积、降低流速、局部材料升级等有效的措施。

对于直接焊接的管道组件,应避免采用异种钢,尤其在可能引起严重电偶腐蚀的环境下,不应选用异种钢。

(4)设计选材应与管道元件的制造和供应相结合

设计选材时,应充分考虑市场的供应情况,尤其是管道组成件的配套供应情况。

对于新材料、新产品的使用,应在充分了解其使用性能、可靠性、焊接施工性能以及相关管道组成件的配套供应、成本等方面的基础上确定。原则上,新材料、新产品应经具有相应资质的机构进行鉴定,并有成功的工业应用经历。

(5)设计选材应与管道组成件的施工相结合

设计选材应考虑管道组成件的施工的可行性,对于需要焊后热处理的管道,应考虑热处理对管道组成件的性能影响。

(6)其他因素

尽管选取适当的材料能降低和减小管道系统的腐蚀破坏风险,但对于整个管道系统的安全不能仅依靠选材来降低风险,合理的工艺配管方案、有效的缓蚀剂加注、灵敏的腐蚀监测系统、完善的系统维护和良好的施工等诸多因素综合配套实施,才能最大限度的降低风险。

3.3.2　加注防腐添加剂

防腐剂通常有缓蚀剂、除硫剂、除氧剂、灭菌剂等。各种防腐剂的作用不相同,应视腐蚀程度大小及油气井生产要求添加缓蚀剂,以抑制硫化氢、二氧化碳、氧、硫化氢及盐类对材料的腐蚀。添加缓蚀剂具有使用方便、效果显著、用量少、经济等优点,缺点是不能除去腐蚀源。最好的做法是在距离采气现场近的地方进行脱硫。微生物的生化作用生成硫化氢或二氧化碳,对井管材产生腐蚀。合理地选择各种防腐添加剂,并配合使用,可以达到更好的防腐效果,并管材钻具的使用寿命。

1.缓蚀剂的作用原理(如图 3.3)

缓蚀剂的作用原理是:借助于缓蚀剂分子在金属表面形成保护膜,隔绝 H_2S 与钢材的接触,达到减缓和抑制钢材的电化学腐蚀作用,延长管材和设备的使用寿命。

在天然气环境中,喷洒在钢材表面的缓蚀剂,展开生成液膜后,形成三层保护

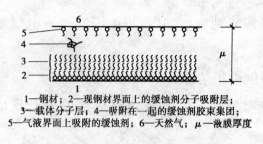

1—钢材；2—现钢材界面上的缓蚀剂分子吸附层；
3—载体分子层；4—吸附在一起的缓蚀剂胶束集团；
5—气液界面上吸附的缓蚀剂；6—天然气；μ—液膜厚度

图 3.3　缓蚀剂的作用原理

层。缓蚀剂液膜厚度为 $20 \sim 250\ \mu m$。

2.缓蚀剂的类型

加入少量的缓蚀剂,能有效地阻止或减缓化学物质对金属的腐蚀作用。缓蚀剂可分为有机化合物缓蚀剂和无机化合物缓蚀剂两大类。

(1)有机化合物缓蚀剂

其缓蚀作用原理大多是经物理吸附(静电引力等)和化学吸附(氮、氟、磷、硫的非共价电子对),覆盖在金属表面而对金属起到保护作用(不含化学变化)。当有机化合物缓蚀剂以其极性基附于金属表面,其碳氢链非极性基部分则在金属表面形成屏蔽层(膜),从而起到抑制金属腐蚀的作用此外,有的缓蚀剂与金属阳离子生成不溶性物质或稳定的络合物,在金属表面形成沉淀性保护膜,起到抑制金属腐蚀的作用。

(2)无机化合物缓蚀剂

其缓蚀作用原理是使金属表面氧化而生成钝化膜或改变金属腐蚀电位,使电位向更高的方向移动,来达到抑制金属腐蚀的目的,这类缓蚀剂又被称为钝化剂或阳性缓蚀剂。

还有些无机化合物缓蚀剂在腐蚀过程中抑制阴极反应而使腐蚀减缓,通过生成沉淀膜,对金属起保护作用。如磷酸钙抑制阴极反应,特别遇 Ca^{2+} 生成胶体磷酸钙,在阴极面上形成保护膜。

(3)含硫或含二氧化碳的油气井开采过程中使用的缓蚀剂

在硫化氢和二氧化碳同时存在的油气井中,若硫化氢分压超过含硫化氢天然气和酸性天然气—油系统的界定条件时,则按硫化氢油气井采取抗硫措施。二氧化碳对金属材料(如防喷器、采油气井口、钻杆、套管等)的腐蚀是钻井工程中常见的一种腐蚀形式,其腐蚀速率受二氧化碳分压、温度、井内流体的流速、金属材料的合金元素、硫化氢的浓度、井内氯离子的浓度等因素的影响。

在含二氧化碳的油气井中,可根据二氧化碳分压的大小,决定是否采取抗二氧化碳腐蚀的措施。在含硫或含二氧化碳的油气井开采过程中,根据硫化氢或二氧化碳的含量对井下管材和地面设备的腐蚀程度,间歇地或连续地向井中注入缓蚀剂,也可将缓蚀剂以高压挤入地层,使其在开采过程中不断释放,达到保护井下管材和地面设备的目的。

注入方法如图 3.4、图 3.5 所示,可根据缓蚀剂特性和井内情况而定,一般采用周期注入和连续注入两种方式,具体如下:

1)周期注入缓蚀剂,主要适用于关井和产气量小的井。金属表面形成的缓蚀剂膜越坚固,两次注入之间的周期可越长。

2)连续注入缓蚀剂,可不断修补金属表面的缓蚀剂膜,维持它的覆盖层,适用于产气量大或产水量多的井。

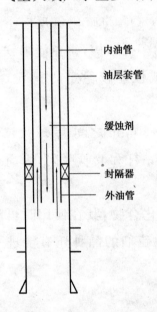 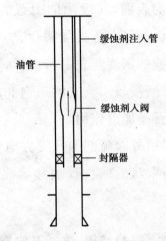

图 3.4　同心双管注入缓蚀剂示意图　　　图 3.5　小直径管柱泵法注入缓蚀剂示意图

3.除硫剂

大多数除硫剂都是通过吸附或离子反应沉淀方式起作用。分为表面吸附和离子反应沉淀式,需了解除硫剂的特点,以有利于除硫剂充分发挥作用。除硫剂主要有铜、锌和铁的金属化合物。

(1)碳酸铜

铜化合物中碳酸铜的除硫效果最好。铜离子和亚铜离子与二价硫化物离子反应生成惰性硫化铜和硫化亚铜沉淀,从而天然气中的硫化氢。目前,现场最常用的除硫剂为微孔碱式碳酸锌和氧化铁(海绵铁)。

(2)微孔碱式碳酸锌

碳酸锌作为除硫剂能避免碳酸铜带来的双金属腐蚀问题,但碳酸锌和硫化氢的反应受 pH 值的影响,如果 pH 值降低,则硫化氢可能再生,故碳酸锌作为除硫剂已被微孔碱式碳酸锌所取代。微孔碱式碳酸锌为一种白色、无毒、无臭的粉末状物质,其化学式为 $2ZnCO_3 \cdot 3Zn(OH)_3$ 或 $ZnCO_3 \cdot 3Zn(OH)_2$,它与硫化物反应生成不溶于水的硫化锌沉淀。当 pH 值在 $9 \sim 11$ 时,其除硫效果最好。

另外,可形成溶液的锌有机螯合物也是一种除硫剂,较之碱式碳酸锌,其分散得更均匀。锌有机螯合物的含锌量为 $20\% \sim 25\%$(质量分数),中和 1 kg 硫化氢需 10 kg 以上的锌有机螯合物。

(3)氧化铁(海绵铁)

海绵铁是一种人工合成的氧化铁,其分子式为 Fe_3O_4,与硫化氢反应不受时间(反应瞬时完成)或温度的限制。海绵铁具有海绵的多孔结构,每克海绵铁具有约 $10\ m^3$ 的表面,其吸附能力强。与硫化氢反应生成性能较稳定的 FeS_2(黄铁矿),且不会使钻井液性能恶化。

海绵铁的密度与重晶石一样,其粒度范围在 $1.5 \sim 50\ \mu m$ 之间,其球状粒度均匀,产生的磨损较小。它的磁饱和度高,剩磁少,不被钻杆和套管吸附,因而还可替代重晶石起加重作用。

目前,国外除硫剂的开发方向为水溶性的锌有机化合物,其在使用时可配成溶液,比粉末状的碱性碳酸盐容易分配均匀。我国除硫剂的品种还有待进一步开发。

3.3.3 控制气质、流速及定期清管

1.控制气质

要防止腐蚀发生,最好的办法是脱除天然气中的 H_2S 和 H_2O 等腐蚀性介质。控制进入管道天然气的气质达到管输标准。

原料气管线:天然气脱水结合缓蚀剂能有效控制含硫天然气管线的失重腐蚀。脱水工艺一般在气田都采用三甘醇脱水工艺、冷冻法脱水和分子筛脱水工艺(以前也用过硅胶脱水)。

2.控制流速

设计和选择合理的集输管线管径、管输压力、气体流速($3 \sim 6\ m/s$),使管内无积液或少积液,以减轻腐蚀。

3.管线建成后严格执行清管和干燥措施

在管线施工过程中,有可能进水或在低凹处形成积水,一时不易清除干净。

因此,在硫化氢条件下,就会产生腐蚀。如何在管道投产前减少管内壁的腐蚀,也是应当考虑的一个问题。应当用清管器对管线多次清管,把管内积液尽量清除。然后对管线进行干燥。干燥的方法有:氮气、干燥空气、甲醇、净化天然气以及抽真空等。干燥后的管线应充满净化天然气,要避免湿的空气再进入。

4.腐蚀监测

在管输系统建立气质监测系统,监测进气点天然气的 H_2S 含量与 H_2O 含量,控制进气气质。

3.3.4 采用新型材料

1.油管及集气管道内壁涂层防腐

涂层材料一般为溶剂型耐蚀涂料和耐蚀粉末涂料。内壁涂层在川西南气矿和磨溪气田的油管以及四川气田的气田水输送管道上应用取得一定的经验。需要注意以下几点:

①选择适合的涂料。

②作好钢管表面的处理。

③要有好的涂敷工艺,确保涂层质量(厚度,外观平整无鼓泡,无涂漏、流挂等缺陷,针孔检查,端部裸露宽度)。

④解决好焊口裸露部分的修补。

⑤但是焊接补口技术仍是一个难点,清管作业也可能损伤涂层,因此,还须进一步开展研究。

2.管道衬里技术

管道衬里技术适用于输送腐蚀介质恶劣的气田水管道,也适用于集气管道。衬里方法多样,主要目的是将耐蚀的聚乙烯塑料或尼龙软管均匀地紧密地贴在金属管道的内壁,形成完整的隔离层。

一种方法是将长度和管径相同的聚乙烯管涂满黏结剂牵入钢管内,固定端口,在塑料管内通入清管器使其胀开紧密衬于钢管内壁。

另一种是反贴法:把涂有黏结剂的聚乙烯软管内面朝外反贴于钢管内壁并固定,用反翻机向内衬软管吹入压缩空气使内衬软管一边翻抹一边内贴向前推进,最后用橡胶清管器通过并挤压,使其紧贴于钢管内壁。衬里的方法可用于旧管道的修复,但一次施工的管道不宜太长,一般为 $300 \sim 700$ m,然后将管道采用法兰连接。此外,还有使用钢骨架复合管作防腐管用。

3.采用耐蚀玻璃钢油管和玻璃钢输气管道

例如,川中油气矿为解决磨溪气田的腐蚀问题,引进了美国 STAR 公司耐蚀玻璃钢油管,在井下进行了较长时间的试验,较好地解决了井下腐蚀问题。同时,在川中和蜀南气矿还采用了 Smith 公司生产的玻璃钢输送管,使用在含硫集气支线上,通过室内试验和现场一年的试验,生产正常,尚未发现问题。因此,玻璃钢输气管道在低压、低含硫化氢、小口径、边远地区、地形平缓的集气支线上使用,是有一定优势的。只要保证玻璃钢管的质量;在设计和施工上考虑扬长避短;防止外压和冲击载荷;平时加强检查和管理;还是具有一定的推广价值。

3.3.5　制定合理的加工和焊接工艺

1.严格遵照有关标准规范

在设备设计、制造、安装、维修等环节严格遵照有关标准规范进行操作。例如:《钢制压力容器》(GB 105)、《天然气地面设施抗硫化物应力开裂金属材料要求》(SY/T 0599)、《控制钢制设备焊缝硬度与防止硫化物应力开裂技术规范》(SY/T 0059)、《手工电弧焊焊接接头的基本形式与尺寸》(GB 985)等。

2.制定合理的焊接工艺,控制焊缝硬度

优质碳素钢、普通低合金钢经冷加工或焊接时,会产生异常金相组织和残余应力,将增加氢脆和硫化物应力腐蚀破裂的敏感性。因而,这些加工件在使用前需进行高温回火处理,硬度低于 22 HRC。在现场焊接的设备、管线应缓慢冷却,使其硬度低于 22 HRC。

焊缝接头的形式和尺寸必须符合 GB 985 或 GB 986 的规定,选用焊接金属的化学成分与母材相近,且控制焊接金属中 Mn<1.6%,Si<1.0%、不进行焊后热处理的焊缝金属,残余元素铬、镍、钼的总合金量不应超过 0.25%,C<0.15%。焊接金属的机械性能应与母材等强。

3.3.6　外、内防腐层

1.外防腐层

防止埋地管道腐蚀的第一道防线是涂层,如果涂层的质量可靠,没有施工缺陷或缺陷很少,管道会受到很好的保护。《涂层基本原则》指出:"正确涂敷的涂层应该为埋地构件提供 99％的保护需求,而余下的 1％才由阴极保护提供"。

但涂层作用的发挥受诸多因素影响:如涂层材料的耐电性、抗老化及耐久性、抗根茎穿透能力、抗土壤应力、温度影响、湿度、应力等。实践证明有严重外腐蚀的地方,首先是涂层被破坏失去保护作用,其次是涂层屏蔽 CP 电流不能给予管道有效的保护,形成局部阳极造成坑蚀。

四川气田以前建成的管线大多采用石油沥青涂层,但根据前苏联的规定,石油沥青的使用寿命为 15 年,且机械强度低、抗根茎穿透能力差、吸水率大、老化速率快、剥离强度低、易造成涂层剥离或损坏。因此,加强外腐蚀控制力度是极为重要的。除此而外,常用的防腐材料还有:聚乙烯黏胶带、熔结环氧、挤塑聚乙烯等。

近年普遍采用聚乙烯防腐涂层(二层 PE 和三层 PE 结构),它既具有高黏结力、阴极剥离半径小的优良性能,又具有抗冲击性好、吸水率低、绝缘电阻高的优良性能,达到防腐性能和机械性能良好的组合,是一种比较完善的管道外防腐涂层。常见的外防腐层性能见表 3.2。

表 3.2　常见的外防腐层性能

项目	三层复合结构	熔结环氧粉末	煤焦油瓷漆	挤出聚乙烯	胶带缠绕	石油沥青	涂蜡层
涂层材料	环氧粉末＋胶层＋聚乙烯	环氧树脂粉末	底漆＋瓷漆＋内外包扎带	底胶＋聚乙烯	底胶＋胶带	石油沥青＋玻璃布＋塑料布	涂蜡层＋组分缠带＋外缠带
涂层结构	三层	一次成膜	薄涂多层	单层	多层	薄涂多层	
涂层厚度/mm	2.5~3.5	0.3~0.5	3.0~5.0	2.0~5.0	0.7~2.2	4.0~7.0	最少 5.08
适用温度/℃	−20~70	−30~110	−10~80(敏感)	−20~70	−20~70	−15~70(敏感)	
涂敷工艺	静电喷涂＋侧向缠绕	静电喷涂	热敷缠绕	纵向挤出或侧向缠绕	侧向缠绕	热敷缠绕	热敷缠绕
施工工艺	工厂预制	工厂预制	工厂预制和沿沟机械	工厂预制	工厂预制和沿沟机械	工厂预制和沿沟机械	移动式机械涂敷和手工
除锈要求	Sa2.5	Sa2.5	Sa2.5	Sa2.5	Sa2.5	St3 或 Sa2.0	采用溶剂清洗
补口工艺	液态环氧树脂涂刷＋热收缩套	环氧粉末喷涂或热收缩套	煤焦油瓷漆热浇涂或热收缩套	聚乙烯电热熔套或热收缩套	本体胶带	石油沥青现场浇涂,热烤缠带	冷涂蜡缠带
环境污染	很小	很小	大	很小	无	较大	

续表

项目	三层复合结构	熔结环氧粉末	煤焦油瓷漆	挤出聚乙烯	胶带缠绕	石油沥青	涂蜡层
适用地区	适用于各种环境的管段,尤其是机械强度要求高、土壤应力强、腐蚀性强的地段	适用于除架空管道外的一切埋地管道,但山区石方段慎用,特别适用于定向钻穿越	适用于温度条件适中,土质对防腐层无过高要求及地下水位高,植物根茎茂盛,细菌腐蚀性强地区。不适用对防腐层机械强度要求高的地段,恶劣环境温度下施工难	适用于各种环境工艺条件,尤其是机械强度要求较高,土壤应力破坏严重的地带,目前主要用于小口径管道	适用于机械强度要求一般,地下水位较低的场合,尤其适合现场野外作业	适用于温度适中,土壤腐蚀等级弱至中等,含水量不高,对土质防腐层机械强度要求不高的地段,不适用于石方段、植物根茎发达、沼泽、盐渍土强腐蚀地段	与石油沥青应用环境基本相同
主要优缺点	黏结力强、绝缘性能好、耐磨、耐冲击、耐化学腐蚀、耐植物根茎穿透。价格较高,涂敷工艺要求高	黏结力强、耐磨、适用温度范围宽,耐化学腐蚀电绝缘性能好,耐阴极剥离性能优异。现场补口要求高,价格较高,耐光老化性能较差	防腐、绝缘性能好,吸水率低,耐老化,耐细菌腐蚀和植物根茎穿透,国内原料充足。机械强度较低,使用温度范围较窄,易污染环境	绝缘性能好、耐磨、吸水率低、耐植物根茎穿透、耐冲击、耐化学腐蚀。耐光老化性能差,与钢管附着力差	绝缘性能好、耐磨、吸水率低、耐植物根茎穿透、低温性能好、施工简便易行。机械强度相对较差,耐高温性能差,钢管焊缝较高会造成搭接不平	原料立足国内,工程造价较低,施工经验丰富,防腐作业完善。吸水率高,不耐植物根茎穿透,耐温度变化差,现场补口不易控制	原材料丰富,成本低。优缺点基本与沥青相同

管道防腐层的选择原则:

(1)防腐材料自身特性(耐腐蚀性、黏结性、耐磨性、抗冲击性、抗渗、抗老化、抗阴极剥离、抗土壤应力、耐温等性能是否满足基本防护要求)

(2)防腐材料施工安装性能

(3)管道沿途的土壤环境状况

(4)管道工程规模

(5)与阴极保护系统的匹配性

(6)环境保护要求

(7)经济性

此外,任何性能优异的防腐蚀涂料都需要正确的涂装设计和施工做保证,方能在实际应用中显示其卓越的防腐性能,否则防腐蚀涂装的使用寿命就会大大缩短。目前管道的涂层施工基本上都要求工程预制。

补口是管道防腐中至关重要的环节。国内外常用的管道防腐层涂层补口有聚乙烯胶带、环氧粉末、热烤沥青缠带、聚乙烯电热熔套、聚乙烯热收缩套、液体涂料等。防腐材料及补口材料趋向于多样化,其中,辐射交联热收缩套在补口上的使用最为广泛。

2. 内防腐层

高含硫化氢气田集输管道系统的内腐蚀控制设计、运行中管线系统的腐蚀控制、腐蚀控制效果的评定等要求,均应符合《高含硫化氢气田集输管道系统内腐蚀控制要求》(SY/T 0611)的要求,具体要求和方法等内容参见标准。

3.3.7　采用阴极保护

多年的实践证明,最为经济有效的腐蚀控制措施主要是覆盖层(涂层)加阴极保护。与国外相比,我国 75% 的防蚀费用用在涂装上,而电化学保护使用的相对较低。阴极保护作为防腐层保护的一种必不可少补充手段。它的原理就是使被保护的金属阴极化,以减少和防止金属腐蚀。阴极保护其操作简便、投资少、维护费用低、保护效果好。其投资一般占管道总投资的 1% 左右。

阴极保护技术有两种:牺牲阳极阴极保护和强制电流(外加电流)阴极保护,其原理如图 3.6 所示。

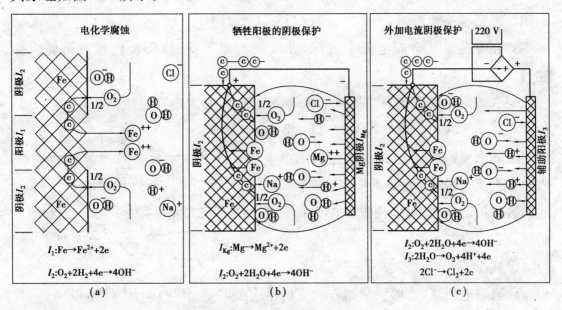

图 3.6　阴极保护技术原理

1.牺牲阳极阴极保护技术(见图3.7)

牺牲阳极阴极保护技术是用一种电位比所要保护的金属还要负的金属或合金与被保护的金属电性连接在一起,依靠电位比较负的金属不断地腐蚀溶解所产生的电流来保护其他金属。

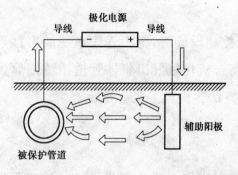

图 3.7　牺牲阳极阴极保护技术原理图

(1)优点

1)一次投资费用偏低,且在运行过程中基本上不需要支付维护费用。

2)保护电流的利用率较高,不会产生过保护。

3)对邻近的地下金属设施无干扰影响,适用于厂区和无电源的长输管道,以及小规模的分散管道保护。

4)具有接地和保护兼顾的作用。

5)施工技术简单,平时不需要特殊专业维护管理。

(2)缺点

1)驱动电位低,保护电流调节范围窄,保护范围小。

2)使用范围受土壤电阻率的限制,即土壤电阻率大于 50 Ω·m 时,一般不宜选用牺牲阳极保护法。

3)在存在强烈杂散电流干扰区,尤其受交流干扰时,阳极性能有可能发生逆转。

4)有效阴极保护年限受牺牲阳极寿命的限制,需要定期更换。

2.强制电流阴极保护技术(见图3.8)

强制电流阴极保护技术是在回路中串入一个直流电源,借助辅助阳极,将直流电通向被保护的金属,进而使被保护金属变成阴极,实施保护。

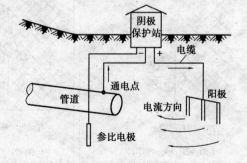

图 3.8　强制电流阴极保护技术原理图

(1)优点

1)驱动电压高,能够灵活地在较宽的范围内控制阴极保护电流输出量,适用于保护范围较大的场合。

2)在恶劣的腐蚀条件下或高电阻率的环境中也适用。

3)选用不溶性或微溶性辅助阳极时,可进行长期的阴极保护。

4)每个辅助阳极床的保护范围大,当管道防腐层质量良好时,一个阴极保护站的保护范围可达数十公里。

5)对裸露或防腐层质量较差的管道也能达到完全的阴极保护。

(2)缺点

1)一次性投资费用偏高,而且运行过程中需要支付电费。

2)阴极保护系统运行过程中,需要严格的专业维护管理。

3)离不开外部电源,需常年外供电。

4)对邻近的地下金属构筑物可能会产生干扰作用。

3.阴极保护效果的判据

(1)普通钢阴极保护准则

施加阴极保护时被保护结构物的电位负移至少达到 -850 mV 或更负(相对饱和硫酸铜参比电极 CSE);相对于饱和硫酸铜参比电极的负极化电位至少为 850 mV;在构筑物表面与接触电解质的稳定参比电极之间的阴极极化值最小为 100 mV;存在硫酸盐还原菌的环境,被保护结构物的电位负移至 950 mV(CSE)或更负。

(2)铝合金阴极保护准则

构筑物与电解质中稳定参比电极之间的阴极极化值最小为 100 mV,准则适用于极化建立或衰减过程;极化电位不应低于 $-1\,200$ mV(CSE)。

(3)铜合金阴极保护准则

构筑物与电解质中稳定参比电极的阴极极化值最小为 100 mV,极化建立或衰减过程均可以被应用。

(4)异种金属阴极保护准则

所有金属表面与电解质中稳定参比电极之间的负电压等于活性最强的阳极区金属的保护电位。

(5)高强钢阴极保护准则

700 MPa 以上的钢腐蚀速率降低至 0.000 1 mm/a 的保护电位为 $-760\sim-790$ mV(Ag/AgCl);在存在硫酸盐还原菌的环境下,钢屈服强度大于 700 MPa,保护电位应在 $800\sim950$ mV(Ag/AgCl)的范围内;屈服强度大于 800 MPa 的钢,其保护电位应不低于 -800 mV(Ag/AgCl)。

第 4 章
急性硫化氢中毒的急救

4.1 硫化氢中毒的表现及其诊断

急性硫化氢中毒一般发病迅速,出现以脑和(或)呼吸系统损害为主的临床表现,亦可伴有心脏等器官功能障碍。临床表现可因接触硫化氢的浓度等因素不同而有明显差异。

4.1.1 损伤系统出现的症状

1. 中枢神经系统损害最为常见

接触较高浓度硫化氢后可出现头痛、头晕、乏力、共济失调,可发生轻度意识障碍。常先出现眼和上呼吸道刺激症状。

接触高浓度硫化氢后以脑病表现为显著,出现头痛、头晕、易激动、步态蹒跚、烦躁、意识模糊、谵妄、癫痫样抽搐(可呈全身性强直一阵痉挛发作)等症状;可突然发生昏迷;也可发生呼吸困难或呼吸停止后心跳停止。眼底检查个别病例可见视神经盘水肿。部分病例可同时伴有肺水肿。脑病症状常较呼吸道症状出现为早。可能因发生黏膜刺激作用需要一定时间。

接触极高浓度硫化氢后可发生电击样死亡,即在接触数秒或数分钟内呼吸、心脏骤停。死亡可在无警觉的情况下发生,当察觉到硫化氢气味时可立即嗅觉丧失,少数病例在昏迷前瞬间可嗅到令人作呕的甜味。死亡前一般无先兆症状,可先出现呼吸深而快,随之呼吸骤停。

急性中毒多在事故现场发生昏迷,其程度因接触硫化氢的浓度和时间而异,偶可伴有或无呼吸衰竭。部分病例在脱离事故现场或转送医院途中即可复苏。到达医院时仍维持生命体征的患者,如无缺氧性脑病,多恢复较快。昏迷时间较长者在复苏后可有头痛、头晕、视力或听力减退、定向障碍、共济失调或癫痫样抽搐等,绝大部分病例可完全恢复。曾有报导 2 例发生迟发性脑病,均在深昏迷 2 天后复苏,分别于 1.5 天和 3 天后再次昏迷,又分别于 2 周和 1 月后复苏。

中枢神经系统症状极严重,而黏膜刺激症状不明显,可能因接触时间短,尚未发生刺激症状。

急性中毒早期或仅有脑功能障碍而无形态学改变者对脑电图和脑解剖结构成像术如电子计算机断层脑扫描(CT)和磁共振成像(MRI)的敏感性较差,而单光子发射电子计算机脑扫描(SPECT)/正电子发射扫描(PET)异常与临床表现和神经电生理检查的相关性好。如 1 例中毒深昏迷后呈去皮质状态,CT 示双侧苍白球部位有密度减低灶。另 1 例中毒昏迷患者的头颅 CT 和 MRI 无异常;于事故后 3 年检查 PET 示双侧颞叶、顶叶下、左侧丘脑、纹状体代谢异常;半年后SPECT 示双侧豆状核流量减少,大脑皮质无异常。患者有嗅觉减退、锥体外系体征、记忆缺陷等表现。

2. 呼吸系统损害

呼吸系统受损可出现支气管炎、肺炎、肺水肿等损伤的临床表现:如咳嗽、咳痰、胸闷、气急或咯大量白色或粉红肿色泡沫样痰,呼吸困难,明显发绀,重者致急性呼吸衰竭,则前述表现更为严重。

X 线检查:在呼吸系统损伤的不同阶段,胸部 X 线检查对肺部炎症或水肿的诊断颇有帮助,而且对治疗效果的判断亦有很大的价值。

3. 心肌损害

在中毒病程中,部分病例可发生心悸、气急、胸闷或心绞痛样症状;少数病例在昏迷恢复、中毒症状好转 1 周后发生心肌梗死样表现。

心电图检查:可见多种心律失常,如传导阻滞、ST 段下降、T 波倒置、过早搏动或呈急性心肌梗塞样图形,但病程较短,症状与心电图改变可很快消失,愈后良好。

心肌酶谱检查可呈轻度或明显增高。

白细胞多明显升高($>15×10^9/L$)。

4.肝脏损害

肝脏受损可有乏力、食欲不振、恶心、呕吐、肝功能检查指标异常。

5.肾脏损害

肾脏受损主要发生于高浓度硫化氢中毒病例中,尿常规检查较易做出诊断。

6.极高浓度硫化氢对人体的损害

如果人体暴露在 1 000 mg/m³ 以上硫化氢气体的环境中,可使患者立即昏迷,如电击一般死亡,此为呼吸中枢麻痹所致。死亡可在无警觉的情况下发生,当察觉到硫化氢气味时可立即嗅觉丧失,少例病例在昏迷前瞬间可嗅到令人作呕的甜味。死亡前一般无先兆症状,可先出现呼吸深而快,随之呼吸心搏骤停。

尸体解剖呈非异性窒息现象。

综上所述,按吸入硫化氢浓度及时间不同临床表现轻重不一,轻者主要是刺激症状表现为流泪、眼刺痛、流涕、咽喉部灼热感,或伴有头痛、头晕、乏力、恶心等症状,检查可见眼结膜充血肺部体征不明显,脱离接触后短期内可恢复;中度中毒者黏膜刺激症状加重出现咳嗽、胸闷、视物模糊、眼结膜水肿及角膜溃疡,有明显头痛头晕等症状并出现轻度意识障碍,肺部闻及干性或湿性啰音,X 光胸片显示肺纹理增强或有片状阴影;重度中毒出现昏迷、肺水肿、呼吸循环衰竭等外,吸入极高浓度(1 000 mg/m³ 以上)时可出现"闪电型死亡",严重中毒可遗留后遗症。

4.1.2　急性硫化氢中毒诊断主要依据

1.有明确的硫化氢接触史,患者的衣物和呼出气有臭蛋气味

2.事故现场可产生或测得硫化氢

3.患者在发病前闻到臭蛋气味可作参考

4.明显的眼、呼吸道刺激症状

伴有头痛、心悸、胸闷以及脑或呼吸系统损害为主的临床表现,严重者有"电击样"意识丧失,并伴多器官损害等表现。

5.肤色灰蓝或发绀,容易发生休克

6.实验室检查

目前尚无特异性实验室检查指标。

①血液中硫化氢或硫化物含量增高可作为吸收指标,但与中毒严重程度不一致,且其半衰期短,故需在停止接触后短时间内采血。

②尿硫代硫酸盐含量可增高,但可受测定时间及饮食中含硫量等因素干扰。

③血液中硫血红蛋白(Sulfhemoglobin,SHB)不能作为诊断指标,因硫化氢不与正常血红蛋白结合形成硫血红蛋白,后者与中毒机制无关;许多研究表明硫化氢致死的人和动物血液中均无显著的硫血红蛋白浓度。

④尸体血液和组织中含硫量可受尸体腐化等因素干扰,影响其参考价值。

7.鉴别诊断

事故现场发生电击样死亡应与其他化学物如一氧化碳或氰化物等相鉴别,也需与进入含高浓度甲烷或氮气等化学物造成空气缺氧的环境而致窒息相鉴别。亦应与其他病因所致昏迷相鉴别。

4.1.3　硫化氢中毒的诊断分级标准

根据吸入硫化氢浓度的高低与临床症状,可分为轻、中、重三度。不同程度的中毒,其临床表现有明显的差别。

1.轻度中毒

接触低浓度硫化氢气体后,主要表现为对眼及呼吸道产生的刺激作用,如眼内刺痛、畏光、流泪、异物感、眼睑痉挛、视力模糊或有彩环出现,同时有咽干、咽痒、咽痛、胸闷、刺激性咳嗽等急性气管炎或支气管周围炎的症状。可伴有明显的头痛、头晕、乏力、恶心、食欲不振等症状。此时患者应迅速离开中毒环境,上述症状多可自行缓解,一般无并发症。

2.中度中毒

吸入较高浓度硫化氢后,上述刺激症状加重,出现明显的头痛、头昏、乏力、呕吐症状;烦躁、步态蹒跚;胸闷、气急、呼吸困难。意识障碍为浅至中度昏迷。查体时可见病人皮肤湿冷、呼吸浅快、脉快而弱,眼结膜水肿及角膜溃疡,肺部可闻及干性或湿性啰音。此时病人移离中毒现场,经积极治疗,患者可以治愈。

3.重度中毒

在吸入高浓度硫化氢后,主要表现为明显的中枢神经系统症状和多脏器损害,如极度烦躁、谵妄、惊厥、可成癫痫样抽搐,并迅速进入昏迷状态;昏迷及惊厥可持续数小时或反复发作。并往往有多种并发症,如肺水肿、脑水肿、心肌损害、肝肾受损。若抢救不及时,患者因呼吸循环衰竭而很快死亡。

急性硫化氢中毒致死病例的尸体解剖结果与病程长短有关,常见肺水肿、脑水肿,其次为心肌病变。一般可见尸体明显发绀,解剖时发出硫化氢气味,血液呈流动状,内脏略呈绿色。脑水肿最常见,脑组织有点状出血、坏死和软化灶等;可见脊髓神经组织变性。

4.1.4　病情危重指标

①"电击样"意识丧失,昏迷较深或昏迷时间较长(＞4 h);或意识丧失后出现持续较久的全身强直性痉挛或肌张力低下,病理反射阳性。

②皮肤湿冷,明显发绀,血压下降,进入休克状态。

③呼吸浅快,不规则,甚至发生呼吸停止。

④心音低钝微弱,明显心律不齐,甚至漏跳,停跳。

⑤肺内满布湿啰音,患者呼吸频数、呼吸困难,血气分析查见血氧分压明显下降。

⑥合并急性肾功能衰竭、严重感染、酸中毒等各种并发症。

4.2　硫化氢中毒的急救处理

4.2.1　硫化氢中毒的早期抢救

①进入毒气区抢救中毒者,必须先戴上空气呼吸器。

②迅速将中毒者从毒气区抬到通风且空气新鲜的上风地区,其间不能乱抬乱背,应将中毒者放于平坦干燥的地方。

③如果中毒者没有停止呼吸,应使中毒者处于放松状态,解开其衣扣,保持其呼吸道的通畅,并给予输氧。随时测量并保持中毒者的体温(见表4.1)。

表 4.1　人体体温参考值

测量部位	正常温度	安放部位	测量时间	使用对象
口腔	36.5～37.5 ℃	舌下闭口	3 min	神志清醒成人
腋下	36～37 ℃	腋下深处	5～10 min	昏迷者
肛门	37～38 ℃	1/2 插入肛门内	3 min	婴幼儿

④如果中毒者已经停止呼吸和心跳,应立即进行人工呼吸和胸外心脏按压,有条件的可使用呼吸器代替人工呼吸,直至呼吸和心跳恢复正常。

正常人一般脉搏为 60～100 次/min,大部分为 70～80 次/min,快于 100 次/min 为过速,慢于 60 次/min 为过缓;正常成人呼吸频率为 16～20 次/min。

4.2.2　现场抢救

1.现场抢救极为重要

因空气中含极高硫化氢浓度时常在现场引起多人电击样死亡,如能及时抢救可降低死亡率,减少转院人数减轻病情。应立即使患者脱离现场至空气新鲜处。有条件时立即给予吸氧。现场抢救人员应有自救互救知识,以防抢救者进入现场后自身中毒。

2.维持生命体征

对呼吸或心脏骤停者应立即施行心肺脑复苏术。对在事故现场发生呼吸骤停者如能及时施行人工呼吸,则可避免随之而发生心脏骤停。

3.以对症、支持治疗为主

高压氧治疗对加速昏迷的复苏和防治脑水肿有重要作用,凡昏迷患者,不论是否已复苏,均应尽快给予高压氧治疗,但需配合综合治疗。对中毒症状明者需早期、足量、短程给予肾上腺糖皮质激素,有利于防治脑水肿和肺水肿。较重患者需进行心电监护、心肌酶谱和肾功检查,以便及时发现病情变化,及时处理。对有眼刺激症状者,立即用清水冲洗,对症处理。

4.关于应用高铁血红蛋白形成剂的指征和方法等尚无统一意见

从理论上讲高铁血红蛋白形成剂适用于治疗硫化氢造成的细胞内窒息,而对神经系统反射性抑制呼吸作用则无效。适量应用亚硝酸异戊酯、亚硝酸钠或 4-二甲基氨基苯酚(4-DMAP)等,使血液中血红蛋白氧化成高铁血红蛋白,后者可与游离的硫氢基结合形成硫高铁血红蛋白（Sulfmethemoglobin，SMHB）而解毒；并可夺取与细胞色素氧化酶结合的硫氢基，使酶复能，以改善缺氧。但目前尚无简单可行的判断细胞内窒息的各项指标，且硫化物在体内很快氧化而失活，使用上述药物反而加重组织缺氧。亚甲蓝（美蓝）不宜使用，因其大剂量时才可使高铁血红蛋白形成，剂量过大则有严重副作用。目前使用此类药物只能由医师临床经验来决定。

4.2.3　一般的护理知识

①中毒者被转移到新鲜空气区后能立即恢复正常呼吸，可认为其已迅速恢复正常。

②当呼吸和心跳完全恢复后，可给中毒者饮些兴奋性饮料（如浓茶、浓咖啡）。

③如果中毒者眼睛受到轻微损害，可用清水清洗或冷敷，并给予抗生素眼膏或眼药水，或用醋酸可的松眼药水滴眼，每天数次，直至炎症好转。

④哪怕是轻微中毒，也要休息1～2天，不得再度受硫化氢伤害；因为被硫化氢伤害过的人，对硫化氢的抵抗力会变得更低。

(a)　　　　(b)

图4.1　两臂拖拉法

4.2.4　中毒者的搬运

下列基本技术可用来将一个中毒者从硫化氢毒气中撤离出来。

1.拖两臂

作用：这种技术可以用来抢救有知觉或无知觉的个体中毒者。如果中毒者无严重受伤，即可用两臂拖拉法（如图4.1所示）。

2.拖衣服

作用：这种救护法的好处是不用弯曲中毒者的身体，就可以立刻将中毒者移开（如图4.2所地）。

3.两人抬四肢

作用：当有几个救护人员时，这种方法就可被使用。中毒者可以是有知觉的，也可以是神志不清者。这种救护方法可以在一些受限的救护情况下采用（如图4.3所示）。

图 4.2 拖衣法　　　　　　　图 4.3 两人抬四肢法

4.2.5 人工心肺复苏术

人工心肺复苏术(Cardio-Pulmonary Resuscitation，CPR)是心跳呼吸骤停后,现场进行的紧急人工呼吸和心脏胸外按压(也称人工循环)技术。

下面讲述 CPR 的 C、A、B 步骤和技术。

1.A 步骤:判断意识畅通呼吸道

(1)判断中毒者有没有意识

方法:轻轻摇动中毒者的肩部,高呼其名字或者"喂,怎么啦?!"若无反应,立即用手指掐中毒者人中和合谷两个穴位。

(2)呼救

招呼周围的人前来协助抢救,并拨打 120。

(3)将患者置于仰卧位,脱去被硫化氢污染的衣物,防止发生二次中毒

注意保暖。

(4)畅通呼吸道

举头抬颏法:一手置于前额使头部后仰,另一手的食指和中指置于下颌骨近下颏处,抬起下颏。

(5)判断呼吸

在气道畅通的前提下判断中毒者有无呼吸,可通过看、听和感觉来判断呼吸,如果病人的胸廓没有起伏,将耳朵伏在病人鼻孔前既听不到呼吸声也感觉不到气体流出,可判断呼吸停止,应立即进行口对口或口对鼻人工呼吸。

2.B 步骤:人工呼吸

①保持病人头后仰、呼吸道畅通和口部张开。

②抢救者跪伏在病人的一侧,用一只手的掌根部轻按病人前额,同时用拇指

和食指捏闭病人的鼻孔(捏紧鼻翼下端)。

③抢救者深吸一口气后,张开口紧紧包绕病人的口部,使口鼻均不漏气。

④用力快速向病人口内吹气,使病人胸部上抬。

⑤一次吹气量约为 500～600 mL。

⑥一次吹气完毕后,口应立即与病人口部脱离,同时捏鼻翼的手松开,掌根部仍按压病人前额部以便病人呼气时可同时从口和鼻孔出气,确保呼吸道畅通。抢救者轻轻抬起头,眼视病人胸部,此时病人胸廓应向下塌陷。抢救者再吸入新鲜空气,作下一次吹气准备(如图4.4所示)。

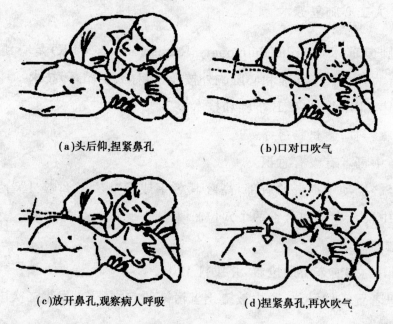

(a)头后仰,捏紧鼻孔　　　　　　(b)口对口吹气

(c)放开鼻孔,观察病人呼吸　　　　(d)捏紧鼻孔,再次吹气

图4.4　口对口人工呼吸法

注意:

①吹气时要感觉气道阻力,如果阻力较大并且胸部吹气时不上抬,要考虑气道是否被堵塞,再加大吹气量有可能使异物落入深部,此时要及时清除呼吸道异物。

②吹气量不易过大,过大容易造成胃扩张及胃反流,甚至"误吸"。

③如同时有心脏按压,吹气时暂停胸部按压。

3.C步骤:胸外心脏按压

胸外心脏按压是指用人工的方法使血液在血管内流动,使人工呼吸后含氧的血液从肺部血管流向心脏,再注入动脉,供给全身重要脏器来维持其功能,尤其是脑功能。在进行人工循环之前必须确定病人有无心跳。

（1）操作的禁忌症

凡有胸壁开放性损伤、胸廓畸形、肋骨骨折或心包填塞等均应列为胸外心脏按压的禁忌症，中毒者出现以上情况不能进行胸外心脏按压。

（2）判断有无心跳

成人通常采用触摸颈动脉的方法来判断，因为颈动脉是大动脉，又靠近心脏，最易反映心脏搏动情况，而且便于触摸，易学会，易掌握。

具体操作方法如下：

1）在畅通呼吸道的情况下进行。

2）一手置于病人前额，使头部保持后仰，另一手触摸病人靠近抢救者一侧的颈动脉。

3）用食指及中指指尖先触到喉部，男性可先触及喉结，然后向外滑移 2～3 cm，在气管旁软组织深部轻轻触摸颈动脉（如图 4.5 所示）。

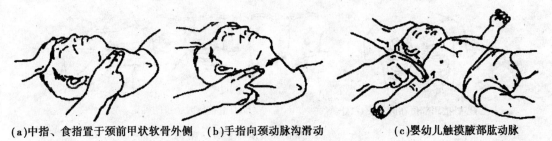

(a)中指、食指置于颈前甲状软骨外侧　　(b)手指向颈动脉沟滑动　　(c)婴幼儿触摸腋部肱动脉

图 4.5　判断有无脉搏

4）检查时间一般不超过 5～10 s，以免延误抢救。

注意：

①触摸颈动脉不能用力过大，以免压迫颈动脉影响头部供血（如有心跳者）、或将颈动脉推开影响感知、或压迫气道影响通气，故要轻轻触摸。

②不要同时触摸双侧颈动脉，以免造成头部血流中断。

③避免两种错误：一是病人本来有脉搏，因判断位置不准确或感知有误，结果判断病人无脉搏；二是病人本来无脉搏，而检查者将自己手指的脉搏误认为病人的脉搏。

④判断颈动脉搏动要综合判断，结合意识、呼吸、瞳孔、面色等。如无意识、面色苍白或发绀，再加上触摸不到颈动脉搏动，即可判定心跳停止。

⑤因婴幼儿颈部短加上肥胖，不易触及颈动脉，可触及其肱动脉。方法是将

上臂外展,拇指置于上臂外侧,食指和中指置于上臂内侧中部(如图 4.5 所示)。

图 4.6　两手掌交叉放置

(3)心脏胸外按压的步骤和技术

1)按压手势

按压在胸骨上的手不动,将定位的手抬起,用掌根重叠放在另一手的掌背上,手指交叉扣,抓住下面的手掌,下面手的手指伸直,这样只使掌根紧压在胸骨上。(如图4.6所示)。

2)确定按压部位(定位)

病人处于仰卧位,双手置于身体两侧,抢救者位于病人一侧。用食指和中指并拢,沿病人肋弓下缘上滑至两侧肋弓交叉处的切迹。以切迹为标志,然后将食指和中指横放在胸骨下切迹的上方,另一手的掌根紧贴食指上方,按压在胸骨上(如图 4.7 所示)。

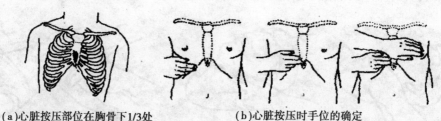

(a)心脏按压部位在胸骨下1/3处　　　(b)心脏按压时手位的确定

图 4.7　胸外心脏按压时手的位置

3)按压姿势

抢救者双臂伸直关节固定不能弯曲,肘双肩部位于病人胸部正上方,垂直下压胸骨(如图 4.8 所示)。按压时肘部弯曲或两手掌交叉放置均是错误的(如图4.9所示)。

图 4.8　抢救者双臂绷直　　　　　图 4.9　肘部弯曲

4)按压用力及方式

按压应平稳有规律进行。

注意：

①成人应使胸骨下陷至少 5 cm，用力太大易造成肋骨骨折，用力太小达不到有效作用。

②垂直下压，不能左右摇摆。

③不能冲击式猛压。

④下压时间与向上放松时间相等（即 1∶1）。

⑤下压至最低点应有一明显停顿。

⑥放松时手掌根部不要离开胸骨按压区皮肤，但应尽量放松（如图 4.10 所示）。

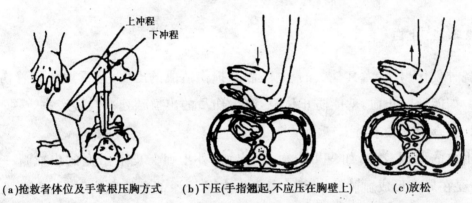

(a)抢救者体位及手掌根压胸方式　　(b)下压(手指翘起,不应压在胸壁上)　　(c)放松

图 4.10　胸外心脏按压

⑦按压频率：成人不少于 100 次/min。频率过快，心脏舒张时间过短，得不到较好的充盈；过慢，不能满足脑细胞需氧量。因为最有效的心脏按压也只有心脏自主搏动搏血量的 1/3 左右。

⑧胸外心脏按压次数与人工呼吸次数之比为 30∶2。

4.CPR 有效指标

(1)面色或者口唇由发绀变为红润

(2)神志恢复，由眼球的活动或者手脚开始活动

(3)出现自主呼吸

(4)瞳孔由大变小

5.现场抢救人员停止 CPR 的条件

(1)威胁人员安全的危险迫在眉睫

(2)呼吸和循环已有效得到恢复

(3)已由医师接受开始急救

（4）医师判断中毒者死亡

4.3 创伤救治四项基本技术

战救四项技术，即止血、包扎、固定和搬运，在战场上用得最多，但在各种突发创伤中，也是抢救病人的重要技术。在野外现场，一旦发生伤员，在场人员如能快速、正确、有效地运用四项技术，就能挽救伤员的生命，防止伤情恶化，减少并发症，降低死亡率，为伤员赢得进一步治疗创造条件。

4.3.1 **止血**

各种创伤出血，尤其是大的动脉、静脉损伤造成的出血，严重地威胁着伤员的生命。如能及时止血，就能防止休克，减少伤员的出血致死率与残废率。

1. 出血的分类及特点

出血的原因较多，如皮下出血，内出血，外出血。皮下出血的出血量一般较轻，主要在局部形成血肿和淤斑。内出血多见于深部血管和内脏损伤，血液流入组织内和体内，在外表上看不见出血，检查时，主要根据伤病人受伤的原因，局部症状与全身反应来判断。外出血，是人体受到外伤后血管破裂，血液从伤口流出体外。根据破裂血管的不同，分：动脉出血、静脉出血、毛细血管出血三类。动脉出血：血色鲜红，呈喷射状；静脉出血；血色暗红，呈缓慢流出；毛细血管出血：血色由鲜红变为暗红，呈片状渗血。

根据血管损伤的程度，可分为小血管伤出血、中等血管损伤出血和大血管损伤出血。依血管损伤的不同，要采取不同的止血方法。如小血管损伤出血，一般采用包扎止血；中等血管损伤出血，首选指压、加压包扎和止血带止血；大血管损伤出血，首选指压止血，同时结合加压包扎和上止血带等方法止血。如判断为深部血管损伤和内脏器官破裂出血，应立即呼救，在急救的同时"拉起就跑"，将伤员送往医院治疗。

失血量的估计：成人的血液约占自身体重的 8%，每 kg 体重有 60～80 mL 血液。如果突然失血占全身血量 15%～30%（750～1 500 mL）时，可造成轻度休克；失血 30%～45%（1 500～2 500 mL）时，可造成中度休克，但人体的代偿机能能够维持一定时期,如抢救及时,伤员可以挽救;失血 45% 以上时(2 500 mL 以上),可造成重度休克,脉搏摸不清,如抢救不及时,伤员很快死亡。

2. 止血材料

野外现场常用的止血材料有:充气止血带、橡胶管止血带、创可贴、三角巾急救包、无菌敷料。就地取材,如毛巾、布料、衣物等可折叠成带状替代止血带。

3. 止血方法

(1)指压止血法

指压止血法是一种简单而有效的临时止血法,多用于出血多的伤口,能快速达到止血目的。操作要点:即在出血伤口的近心端,依循动脉行走的部位,准确地将血管压在骨骼上,压迫力度以伤口不出血为目的。

1)头顶部出血压迫法:一侧头顶部出血时,在同侧耳前对准下颌关节上方,用拇指压颞浅动脉止血(如图 4.11 所示)。

2)面部出血用拇指压迫下颌角处的面动脉,面部的大出血,往往需要同时压住两侧面动脉才能止血(如图 4.12 所示)。

3)头颈部出血压迫法:在胸锁乳突肌中点前缘,将伤侧颈总动脉向后压于第五颈椎上(如图 4.13 所示),禁止同时压迫两侧颈总动脉,以防因脑缺血而致昏迷。

图 4.11　颞浅动脉压迫止血法　　　图 4.12　面动脉压迫止血法　　　图 4.13　头颈部出血压迫法

4)肩部腋窝出血压迫法:在锁骨上凹向下、向后将锁骨下动脉向下压于第一肋骨上(如图4.14 所示)。

5)前臂与上臂出血压迫法:在上臂中段的内侧摸到肱动脉搏动后,用拇指将肱动脉压于肱骨上止血(如图 4.15 所示)。

6)手掌及手指出血压迫法:手掌出血,一是压迫肱动脉止血(如图4.16 所示);二是用两手拇指分别压迫腕部的尺、桡动脉止血(如图 4.16 所示);手指两侧有两条小动脉,如手指伤口出血,用拇指和食指在伤指根部从两侧压向骨面,可控制该手指远端出血(如图 4.17 所示)。

7)下肢出血压迫法:在腹股沟韧带中点内侧稍下方摸到股动脉搏动。用双手拇指或掌根将股动脉用力压在股骨上止血(如图 4.18 所示)。

8)足背部出血压迫法:用两手拇指分别压于足背动脉和内踝后的胫后动脉止血(如图 4.19 所示)。

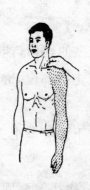
图 4.14　锁骨下动脉的指压法

图 4.15　肱动脉指压法

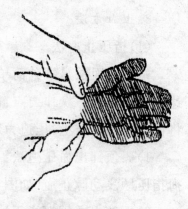
图 4.16　手掌及手指压迫止血法

图 14.17　手指出血止血法

图 4.18　下肢出血压迫法

图 4.19　足背部出血压迫法

(2)包扎止血

包扎止血用于表浅伤口损伤小血管和毛细血管的出血。根据伤口的大小,一是用创可贴粘贴止血;二是用敷料、纱布包扎止血;三是就地取材,选用清洁布料包扎止血。

(3)加压包扎止血

加压包扎止血是最常用的一种止血方法,对全身各部位的一般静脉、中小动脉及毛细血管的出血,经加压包扎均可达到止血的目的。其方法是:用敷料等干净布类覆盖伤口,敷料要超过伤口 3 cm 以上,敷料的表面如被血液浸湿,另应再加敷料。然后用绷带、布条等加压包扎,其压力以能止住出血,又不影响伤肢的血循环为宜。包扎后抬高伤肢(骨折除外),以增加静脉回流和减少出血。

(4)加垫曲肢止血

对外伤出血量较大,伤肢无骨折、关节无损伤,用此法止血。可用于大腿、小腿、上臂、前臂及手部出血。根据出血部位,可分别在大腿根部、腘窝内、腋窝及肘窝处加垫,然后

(a)　　　　　(b)　　　　　(c)

图 4.20　曲肢止血法

尽力屈曲关节,借衬垫物(卷成团状)压住血管止血,用绷带或叠成带状的三角巾固定屈曲姿势(如图 4.20 所示)。

(5)填塞止血

伤口深大,局部组织损伤严重,出血多,特别是损伤部位在臀部、肩部等处伤口,用此法止血效果好。其方法是:将纱布或敷料(如无,用干净的布料替代)打开,填塞在伤口内,从里向外填实、压紧,再用纱布等覆盖伤口,用加压包扎法包扎止血。用填塞止血法止血后,如无止血准备,切不可将填塞物取出,以免发生猛烈出血。

(6)止血带止血

能有效地制止四肢出血。但必须是大、中血管损伤出血的伤员,并且用以上方法仍不能止血时才考虑使用止血带止血。

1)橡胶管止血法:常用弹性较大的橡皮管。一般先用指压法止血,然后在出血处的最近端、上止血带的部位用衣物等垫好衬垫,用左手拇、食、中三指持止血带头端,将尾端绕肢体一圈后压住止血带头端和手指,再绕肢体一周,用左食、中指夹住尾端,抽出手指,即成一活结(如图 4.21 所示)。缠绕时每圈都必须用力拉紧,才能止住出血。如需放松止血带,将尾端拉出即可。

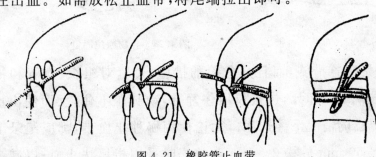

图 4.21　橡胶管止血带

2)充气止血带止血:此法止血效果好。有压力表指示压力大小,压力平均,有条件时可选用。

3)临时代用止血带:仅限于没有上述止血带的紧急情况下临时使用。用三角巾、布条或其他结实的布料折叠成带状。在伤口近端上止血带的部位垫好衬垫,用制好的布料止血带在衬垫上加压绕肢体一周,拉紧两端,打一个活结,将一短木棒插在带状的外圈内,提起木棒绞紧,再将绞紧后木棒的另一端插入活结小圈内,拉紧活结固定木棒(如图 4.22 所示)。使用布料止血带很难掌握压力,如使用不当,可造成严重后果,应特别小心。

(7)止血操作的注意事项

1)上止血带前应脱或剪开出血部位的衣物,充分暴露伤口,根据损伤血管的大小及出血量,采取不同的止血方法。

2)不要去除血液浸透的敷料,而应在其上另加敷料并包扎。

3)伤口表浅异物应祛除,再包扎止血。如异物为尖刀、钢筋等尖锐利器扎入身体导致外伤出血,应保留异物,以防拔出引起大出血或损伤神经和脏器,应将异物原位固定,其方法是:根据异物的大小,在敷料上剪洞,穿过异物,置于伤口上,再将敷料卷圈放在异物两侧,将异物固定不动。如异物过长,应将远端祛除,以便伤员输送(如图 4.23 所示)。

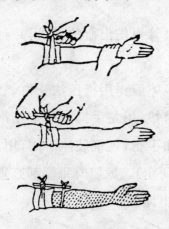
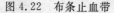
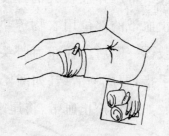

图 4.22　布条止血带　　　　　　图 4.23　异物原位固定

4)止血带是应急措施,而且是危险的措施,过紧对组织、血管和神经造成损伤,甚至造成肢端缺血坏死,过松仅压住静脉,动脉压不住,反而使出血加剧。因此,仅在万不得已的情况下才选用。无论使用哪种止血带,都应纪录上止血带的时间,以后每隔 50 min 放松 3~5 min,放松时采用指压法止血,以减少出血。上肢出血,止血带应扎在上臂的上 1/3 处,不要扎在上臂中 1/3 处,以免压迫桡神经;下肢出血,止血带应扎在大腿尽量靠近出血的部位。不能把止血带直接缠在皮肤上,要在全周垫好衬垫(毛巾、衣服等,但要放平整,不能皱折);在使用临时代用止血带时,这一点更为重要。禁止用铁丝、电线、绳子等替代止血带。

上止血带的压力,理论上上肢以 300 mmHg,下肢以 600 mmHg 的压力为适当。为了安全有效地使用止血带,其压力应根据伤员的年龄、受伤部位和肌肉发育情况而定,以达到肢体远端动脉搏动消失,恰好止血为度。上止血带后,患者十分痛苦,且有危险,必须尽快转送医院。

4.3.2　包扎

包扎在各种创伤中应用最广,它可以起到保护伤口、减少污染、固定敷料和止血、止痛的作用。

包扎时,要根据受伤的部位、受伤的类型、受伤的原因、受伤的严重程度等特点,选择包扎材料和包扎方法。包扎伤口的操作要做到快、准、轻、牢。

1.包扎材料

常用的包扎材料有制式的三角巾、三角巾急救包、纱布绷带等。也可利用就便器材如毛巾、衣服等作为临时包扎用。但用得最多的是三角巾急救包和绷带。

三角巾急救包为消毒压缩,每包中还有纱布垫大小各一块。可用于包扎头、躯干、肢体各部位的广泛损伤,包扎面积大,效果确定。在应用时,可折叠成不同的形状包扎不同的部位,如折叠成燕尾式可包扎肩、胸、背部及臀部;还可将三角巾折叠成带巾状作为悬吊带。

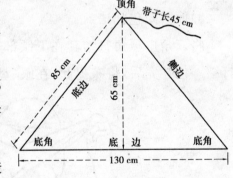

急救包外皮的内面(无菌面)在胸壁穿透伤时,紧贴于伤口,可以加强密封效果。

图 4.24　三角巾各部位名称

三角巾各部位名称(如图 4.24 所示)。

2.三角巾包扎

(1)头面部包扎法

1)头部帽式包扎

将三角巾底边折叠成约两横指宽,边缘正中放在前额齐眉,顶角经头顶垂在枕后,然后将两底角经两耳上向后拉紧,压住顶角,在枕部交叉再经耳上绕回额部拉紧打结。最后将顶角拉紧向上反折嵌入交叉处内(如图4.25所示)。

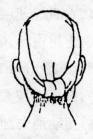

图 4.25　头部帽式包扎法

2)风帽式包扎法

将三角巾顶角和底边中点各打一结形似风帽,顶角结打在前额。然后将两底角拉紧包绕下颌至枕骨结节下方打结(如图 4.26 所示)。

图 4.26　头部风帽式包扎法

3)面具式包扎法

将三角巾顶角打结套在下颌部,罩住头面部,将两底角拉紧交叉后绕至额部打结。包扎完后,将布提起,在眼、鼻、口处剪洞(如图4.27所示)。

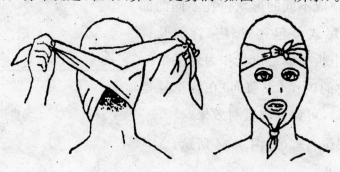

图 4.27　面具式包扎法

(2)眼部伤包扎

1)单眼伤包扎

将三角巾折成约 4 指宽的带巾，把 2/3 向下斜放在伤侧眼部，从耳下经枕后至另侧耳上至前额，压住上端，再从伤侧耳上环绕头部一周，与另一端打结。

2）双眼伤包扎

将三角巾折成约 4 指宽，带巾中部先盖住一侧伤眼，把下端从耳下经枕后至对侧耳至两眉间上方压住上端，继续绕头部，将上端反折斜向下，压住另一伤眼，再经耳下绕至对侧耳上与另端打结，成八字形。

（3）脑膨出的包扎

严重颅脑外伤，使头皮、颅骨及脑膜缺损，部分脑组织膨出伤口，如处理不当，常造成伤病人死亡。

急救：立即用无菌敷料（或干净的布料）覆盖膨出的脑组织，用三角巾做成圆形圈圈围或用皮带折成圆圈放在突出的脑组织周围，使膨出的脑组织不受压迫，然后包扎固定。禁止将膨出的脑组织送回伤口内。

（4）肩部伤包扎法

1）单肩包扎

将三角巾折成燕尾式，大片在背部，小片在胸部，燕尾夹角放于肩上正中对准侧颈部，燕尾底边两角包绕上臂上部拉紧打结，然后拉紧燕尾两角，分别经胸背至健侧腋下打结（如图 4.28 所示）。

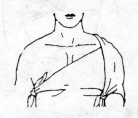

图 4.28　燕尾三角巾包扎单肩

2）双肩包扎

将三角巾折成燕尾状，燕尾角分别放在两肩上，燕尾夹角正对颈后中部，两燕尾角过双肩，由前往后包肩，最后与燕尾底边打结。

（5）胸背部伤包扎法

1）一般包扎法

将三角巾顶角放在伤侧肩上垂向背部，三角巾底边横放在胸部，三角巾的中部盖在胸部伤处敷料上，再将两底角端拉向背部打结，顶角上小带也和两底角打结打在一起(如图 4.29 所示)背部包扎与胸部相反,两底角端拉向胸部打结。

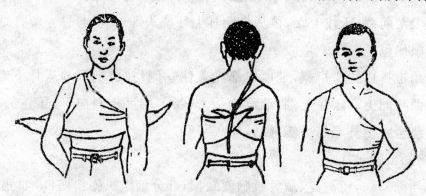

图 4.29　胸背部一般包扎法

2)燕尾式包扎法

将三角巾折成燕尾状,置于胸前,燕尾夹角正对胸骨上凹,将顶角系带拉向背后与三角巾另一端打结。然后将两燕尾角过肩垂向背后,将一燕尾角拉紧过横带后往上提,再与另一燕尾角打结(如图 4.30 所示)。

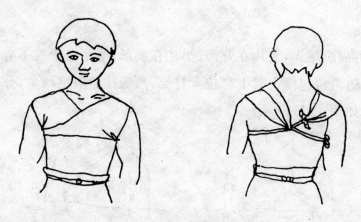

图 4.30　胸背部伤燕尾式包扎法

背部包扎则与胸部相反,即把燕尾巾调到背部。

3)开放性气胸包扎

严重创伤或锐气所致的伤口,可造成胸膜腔与外界相通,以致空气可随呼吸而自由出入胸膜腔内。伤病人出现气促、呼吸困难和发绀。在呼吸时,伤口处有气泡或可听到空气出入胸膜腔的声音,如不及时救治,常致伤病人休克或死亡。

急救:立即用急救包外皮的内面(无菌面)贴在伤口上,再用厚纱布垫加压包扎或用胶布固定,也可将三角巾折成宽带或用绷带围绕躯干在健侧打结固定(如图4.31所示)。无条件时,在现场可选用清洁不透水的布料(如塑料布)等就便材料封闭伤口,阻断气体从伤口进出,然后包扎固定。伤病人取半卧位,迅速送医院治疗。

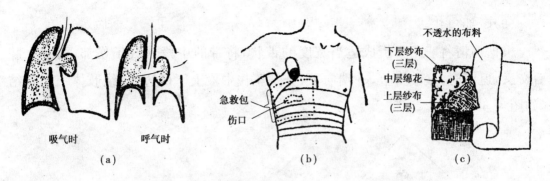

吸气时　　呼气时

(a)　　　　　　　　(b)　　　　　　　　(c)

图 4.31　开放性气胸的密封包扎法

（6）腹部包扎法

将三角巾底边横放在上腹部,两底角围腰拉紧到腰部一侧打结,顶角结带经一侧腹股沟拉向后面与两底角结余头打结(如图 4.32 所示)。

腹部有内脏脱出时,不要送回腹腔,立即用等渗盐水浸湿了的大块敷料盖住脱出物,外面再用饭碗将其扣住,然后包扎固定(如图 4.33 所示)。

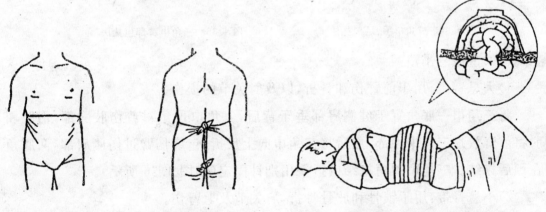

图 4.32　腹部兜式包扎法　　　　　图 4.33　脱出内脏的保护

（7）单侧臀部包扎法

将三角巾折成燕尾式,燕尾夹角朝下正对大腿外侧,大片在伤侧臀部压住前面的小片,顶角结带与底边中央分别绕腰腹部到对侧打结,两底角包绕伤侧大腿根部打结。

（8）手（足）包扎

将三角巾展开,手掌或足平放在三角巾的中央,手指或足趾尖正对三角巾的顶角,指、足缝间插入少量敷料,再将顶角反折覆盖在手背或足背上,然后将两角交叉,再在腕部或踝部环绕后打结,松紧要适度(如图 4.34 所示)。

（9）膝部包扎

根据伤情将三角巾折成适当宽度的带状，将带的中段斜放于伤部，两端在膝后交叉，返回时，一端向上，一端向下，分别压住中段上下两边，包绕肢体一周打结（如图4.35所示）。

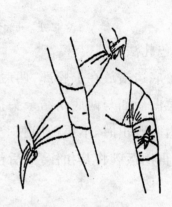

图4.34 三角巾手、足包扎法　　　　图4.35 三角巾膝部包扎法

（10）上肢悬吊法

1）大悬臂带：用于前臂伤和骨折，以及肘关节的损伤。

将三角巾一底角置于健侧肩部垂于背后，三角巾顶角对着伤肢肘部，伤肢屈肘将前臂放在三角巾中部，然后将三角巾向上反折，包绕伤臂过伤侧肩部，两底角在颈后打结。三角巾顶角打结或折平用别针固定（如图4.36所示）。

2）小悬臂带：用于锁骨和肱骨骨折，肩关节及上臂伤。

三角巾折成宽带，将前臂下段吊于胸前（如图4.37所示）。

图4.36 大悬臂带　　　　　　　图4.37 小悬臂带

3.绷带包扎

绷带包扎应根据损伤部位、伤情,选择其包扎方法。

绷扎时,用左手将绷带展平固定在敷料上,右手持绷带卷,使用适当的拉力,将保护伤口的敷料固定或达到加压止血的目的,绷扎要贴实,用力要均匀,不可一圈松一圈紧,每圈应压住前一圈的1/2或1/3,皮肤不可外露。各种绷扎开始时,必须以环行法包扎两圈固定,以免松脱。包扎完毕,用胶布粘贴固定,或将绷带末端从中央剪开形成两个布条,然后交叉环绕肢体一圈打结固定。

包扎四肢时,应将指(趾)外露,以便观察血液循环。

(1)环形法

此法适用于额、颈、腕及腰部粗细较均匀处伤口的包扎。

将绷带一端稍作斜状环绕,并斜出绷带一角,在环绕包扎第二圈时,将第一圈外露角折回压住,再继续沿肢体缠绕,层层相压,最后将敷料覆盖完后固定(如图4.38所示)。

(2)螺旋包扎

螺旋包扎适用于躯干及上肢的包扎。

先用环形法包扎两圈固定,从第三圈开始,每圈环绕时压住上圈的1/2或1/3。包扎完毕固定(如图4.39所示)。

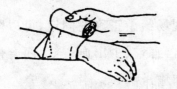 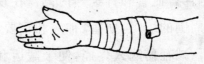

图4.38　环形包扎法　　　　　图4.39　螺旋包扎法

(3)螺旋反折包扎

螺旋反折包扎用于粗细不均的部位,如前臂、小腿。

此法与螺旋包扎相同,但每圈必须反折一次。反折时以左手拇指按住绷带上的反折处,右手将带反折向下,向后绕肢体拉紧,如此反复包扎,最后固定。反折处不可在伤口或骨突处(如图4.40所示)。

(4)"8"字形包扎

"8"字形包扎适用于手掌和关节处的包扎。

先用环形法包扎两圈,斜过关节时,上下交替,作"8"字形缠绕,最后于开始处环绕打结固定(如图4.41所示)。

(5)回反包扎

回反包扎适用于头部或断肢伤的包扎。

绷带从耳上由前额至枕部用环形法缠绕两圈,由枕部经头顶到前额,再由前额向后到枕部,如此反复呈放射性反折,由前向后,由后向前,每次回反到原来的地方(也可由助手在回反处固定),直到将敷料全部包盖,最后作环形法包扎数圈固定(如图4.42所示)。

图4.40　螺旋反折包扎　　图4.41　"8"字形包扎法　　图4.42　头部回反包扎

4.3.3　骨折与固定

骨骼受到直接或间接暴力,或因肌肉拉力、骨骼本身疾病等原因,使骨的完整性或连续性中断,称骨折。

骨骼周围伴有血管和神经,骨折后,在现场给予正确的固定,可以防止骨折断端移位,损伤周围的组织、血管、神经和重要器官,减少出血;避免闭合性骨折转化为开放性骨折;减轻伤病人疼痛,便于搬运和输送病人。

1.骨骼解剖知识

骨由骨质、骨膜和骨髓三部分构成。每块骨都有丰富的血管、淋巴分布和神经支配,并能生长和再生。

人体骨骼由206块骨组成。根据骨的形态不同,一般可分为长骨、短骨、扁骨及不规则骨4种。

骨骼构成人体支架,使身体各部维持一定形态,保护体内重要器官。同时,骨具有运动和造血功能。全身骨骼按其在人体的部位可分为颅骨、躯干骨和四肢骨3部分(如图4.43所示)。

（1）颅骨

颅骨（包括脑颅骨 8 块、面颅骨 14 块、舌骨 1 块、听骨 6 块）由多块扁平骨互相连接围成颅腔，是容纳和保护脑组织的地方。颅骨骨折时易损伤脑组织，骨折出血可造成颅内压增高。

（2）躯干骨（包括椎骨 26 块、胸骨 1 块、肋骨 24 块）

1）脊柱

脊柱由 26 块椎骨构成，是躯干的支柱，上接颅骨，下连骨盆。它由 7 块颈椎、12 块胸椎、5 块腰椎及骶尾骨各 1 块组成（如图 4.44 所示）。

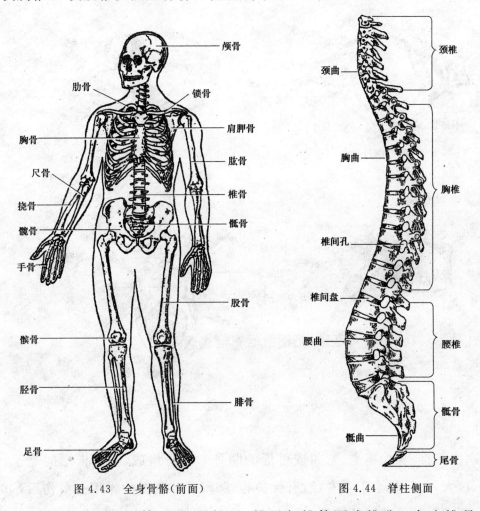

图 4.43　全身骨骼（前面）　　　　图 4.44　脊柱侧面

每块椎骨前面是椎体，后面是椎弓，椎弓与椎体围成椎孔。各个椎骨的椎孔相连成椎管，自枕骨大孔通向末节骶椎。脊髓在椎管内通过。第二腰椎平面以下是马尾神经。如椎骨骨折、脱位会损伤椎管内的脊髓和马尾神经，使之发生受伤平面以下截瘫。椎骨的一般形态（如图 4.45 所示）。

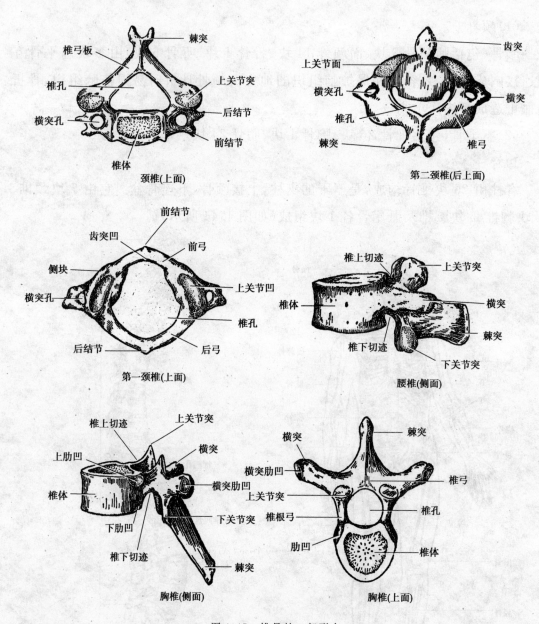

图 4.45　椎骨的一般形态

2)胸廓

胸廓由胸椎,长而扁平、弯曲成弓形的肋骨和胸骨组成,呈圆锥形的笼子,上口小、下口大,前后径小于左右径,有保护心、肺等胸腔脏器的作用。损伤后,可造成胸膜、肝、脾、肾等脏器的破裂,引起气胸、血胸及严重的内出血。

3)骨盆

骨盆由骶骨、尾骨及左右髋骨构成。骨盆中间形成一个大的空腔,叫骨盆腔,保护盆腔脏器。如骨折,可造成尿道、膀胱等脏器及血管的损伤。

4）四肢骨

①上肢骨：包括锁骨、肩胛骨、肱骨、尺骨、桡骨和手骨。

②下肢骨：包括髋骨、股骨、髌骨、胫骨、腓骨和足骨。

四肢由较长的骨骼为支架，关节为枢纽、肌肉为动力进行日常活动。在创伤中，是全身各部位骨折发生最多的部位。

（3）全身关节

关节是由关节面、关节囊和关节腔组成。有些关节还有辅助结构，如关节内韧带、关节半月板和副韧带等。

人体的关节有：肩关节、肘关节、桡腕关节、髋关节、膝关节、踝关节、下颌关节。由于构造上的特点，肩关节、下颌关节容易发生脱臼。

2．人体肌肉

肌肉是使骨骼运动的动力器官。在神经系统的支配下，肌肉收缩，牵引骨骼、关节产生运动。肌肉血管丰富，受伤后出血较多。全身骨骼肌有 600 多块左右。

3．人体主要神经

（1）躯干部神经

躯干部主要由 31 对脊神经中的胸神经支配。脊神经由脊髓发出（包括颈神经 8 对，胸神经 12 对，腰神经 5 对，骶神经 5 对和尾神经 1 对），在躯干部的分布有明显的阶段性，大致说，躯干的乳头平面是第 4 胸神经的分布区，平剑突为第 6 胸神经，平脐为第 10 胸神经，耻骨联合上缘是第 12 胸神经和第 1 腰神经的分布区。在神经损伤后，可导致相应部位的运动和感觉障碍。

（2）四肢神经

1）上肢神经

臂丛：由 5～8 颈神经和第一胸神经的前支组成，分布到上肢肌肉和皮肤。主要有：

尺神经：在腋窝自臂丛发出到上臂内侧下行到达手部。当损伤后，屈腕能力减弱，手部尺侧皮肤感觉消失，拇指不能内收，指间关节屈曲呈爪形。

正中神经：从上臂正中下行到手掌。在前臂下部和腕部，正中神经比较浅表，易被锐器损伤。该神经损伤后，运动障碍表现为不能旋前，拇、食、中指不能屈曲，感觉障碍。拇指不能外展和对掌。

桡神经：从上臂下行到肱骨外上髁的前方分为浅深两支。该神经损伤多数是肱骨干骨折所引起。损伤后不能伸肘,产生垂腕,前臂旋前畸形,手指伸直障碍(垂指),手背桡侧尤以虎口部皮肤有麻木区。

2)下肢神经

股神经:是腰丛中最大的分支神经,它穿过腹股沟韧带的深面入股部。主要分布于大腿前面的肌肉和皮肤。损伤后,股四头肌瘫痪,大腿抬高及伸膝功能障碍,膝跳反射消失。

坐骨神经:自骶丛发出,是全身最粗最长的神经,下行至大腿后部下 1/3 处,分为胫神经和腓总神经。分别行至足底与足背。损伤后不能屈膝,踝及足趾活动障碍。

神经系统概况与脊髓的外形如图 4.46、图 4.47 所示。脊髓节段与椎骨的对应关系,以及皮肤的节段性神经分布如图 4.48、4.49 所示。

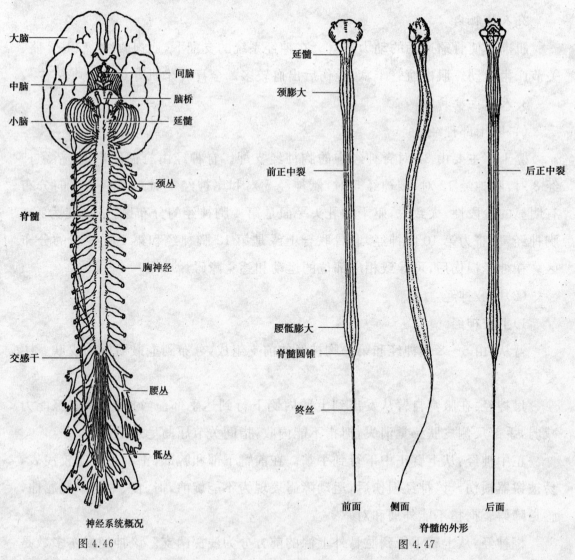

神经系统概况

图 4.46

脊髓的外形

图 4.47

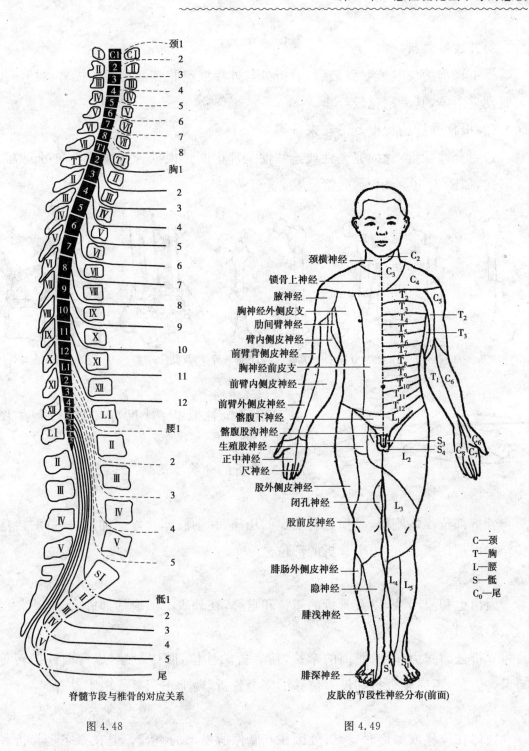

脊髓节段与椎骨的对应关系

图 4.48

皮肤的节段性神经分布(前面)

图 4.49

C—颈
T—胸
L—腰
S—骶
C_0—尾

4. 骨折类型

(1)根据骨折处是否与外界相通分类

1)闭合性骨折

骨折处皮肤完整,不与外界相通。

2)开放性骨折

骨折局部的皮肤或黏膜破裂,骨折处与外界或空腔脏器相通。极易被细菌侵入而发生感染,其后果比较严重。

(2)根据骨折的程度及形态来分类

1)完全性骨折:骨的完整性或连续性全部中断。根据骨折线的方向可分为7种形式,如图4.50所示。

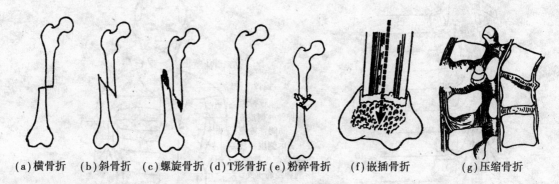

(a)横骨折 (b)斜骨折 (c)螺旋骨折 (d)T形骨折 (e)粉碎骨折 (f)嵌插骨折 (g)压缩骨折

图4.50 完全骨折

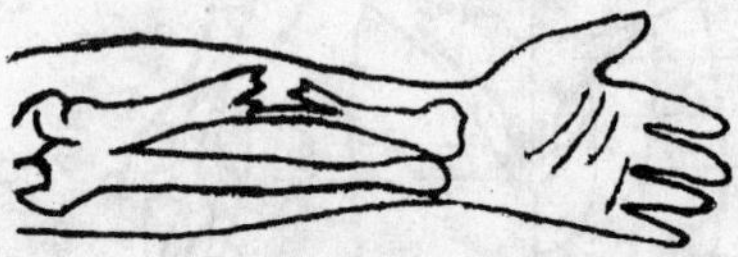

2)不完全性骨折:骨仅有部分折断,如图4.51所示。

图4.51 不完全性骨折

(3)骨折的症状及诊断

1)疼痛

骨折部位疼痛剧烈,受伤处有明显的压痛,移动肢体时疼痛加剧,安静时疼痛较轻。根据压痛点,可确定骨折的部位。

2)肿胀

因出血和渗出液,以及骨折的错位和重叠,在外表上形成局部肿胀。

3)畸形

骨折处因暴力作用,肌肉的牵拉,使骨折端移位,肢体短缩,成弯曲或旋转等畸形。但是,不完全骨折和没有位移的完全骨折,畸形不明显或根本没有。

4)骨摩擦音

肢体在位移或触诊时,骨折处因相互摩擦所发出的声音。但在不完全骨折和在两骨端之间夹有软组织时,摩擦音则不明显。

5)功能障碍

由于骨折和疼痛,使原有的运动功能受到影响或完全丧失。

上述症状中,畸形和骨摩擦音是骨折的确证。如果创伤时间短,上述症状不明显时,也不能轻易否定骨折存在。

5.固定材料

(1)颈托

用来固定颈椎。

(2)脊柱板

由纤维板或木板制造,用于脊柱受伤的固定。

(3)夹板类

用来固定肢体,常用的有：

1)木质夹板,由薄木板或五合板制作。

2)充气式夹板,为塑料制品,用于四肢骨折。

3)铝芯塑型夹板,夹板表面有衬垫,可直接固定,并可调节夹板的长度,用于四肢骨折,使用方便。

4)锁骨固定带,用于固定锁骨骨折。

(4)就地取材制作

如树枝、竹、木杆、木板、杂志、硬纸板等,作为临时固定伤肢,以达到稳定骨折的作用。

(5)自体固定

如无固定材料,可将受伤上肢固定在躯干上,将受伤下肢固定在健肢上。

6.骨折固定的一般原则和方法

①应先检查伤病人意识、呼吸、脉搏。

②首先止血、包扎,再固定。

③夹板长度应超过骨折处的上下两个关节,并将关节一同固定。

④骨折端刺出伤口,不应送回伤口内,以免增加污染和刺伤神经、血管。如伤肢因过渡畸形而影响固定,且有穿破皮肤时,可依伤肢长轴方向,宜稍加牵直后再固定。因此,在现场对骨折不进行复位。

⑤就地固定,固定前,不要无故移动伤肢。

⑥夹板与皮肤、关节、骨突处、夹板两端和空隙部位要加衬垫。

⑦固定要牢固,松紧应适宜,不可过松或过紧。

⑧固定四肢,要露出指(趾)尖,以便观察血运。如指(趾)苍白、麻木、疼痛、肿胀和发紫时,应松解重新固定。

⑨先固定骨折的上端,再固定下端。固定后,上肢为曲肘位,下肢呈伸直位,尽可能将伤肢抬高。

7.各部位骨折固定方法

(1)锁骨骨折

现场如无锁骨固定带可用两条三角巾分别将两肩关节围绕在背部打结,然后双肩向后张,在背部将两三角巾余角拉紧固定。最后两肘关节屈曲,两腕在胸前交叉,用绷带固定。

也可将肘关节屈曲,用三角巾或绷带悬吊上肢,这是简单的处置方法,亦可取得较好的效果。

图 4.52 前臂骨折固定

(2)上肢骨折

充气式夹板、铝芯塑型夹板。按照使用方法固定,操作简单。最后屈肘位,再用三角巾或绷带将前臂悬吊于胸前。

1)前臂骨折固定

①木夹板固定

用两块夹板分别放在掌侧和背侧,加垫,再用绷带或三角巾固定,屈肘约 90°,用三角巾大悬臂吊于胸前,如图 4.52 所示。

②硬纸板、杂志、树枝等固定

在现场,不可能随身携带预制夹板,可就地取材固定前臂骨折,固定方法与木夹板相同。

2)肱骨骨折固定

①木夹板固定

两块夹板,一块放于上臂外侧,从肘部到肩部,另一块放于上臂内侧,从肘部到腋下,用绷带固定上下两端,屈肘约 90°,然后用绷带或三角巾将前臂悬吊于胸前,如图 4.53 所示。

②三角巾固定

图 4.53 肱骨骨折固定

将三角巾折成约 15 cm 的宽带,环绕上臂骨折部经胸廓在对侧打结固定,屈肘 90°,用三角巾将前臂悬吊于胸前。

（3）下肢骨折

1）股骨骨折

①木夹板固定

两块夹板，一块放于伤肢外侧（自腋下至外踝部），另一块从大腿根内侧至内踝，在腋下、关节及空隙部位加垫填实。最好用七条宽绷带固定。先固定骨折上、下两端，然后固定膝、踝、腋下、胸和腰部。

如有一块长夹板则放在伤腿外侧，从腋下至外踝，固定方法同上，如图 4.54 所示。

②健肢固定

将伤肢固定于健肢上。先将两下肢并列，在两膝、两踝的骨突处和两腿空隙处垫好衬垫，用三角巾或七条宽带将两下肢固定在一块，然后用"8"字法固定足踝。健肢固定虽有一定作用，但因膝关节容易弯曲，又在不自然的姿势，伤员难以耐受较长时间，仅限于没有其他固定材料时临时使用。如图 4.55 所示。

图 4.54　股骨骨折固定　　　　　　　图 4.55　股骨骨折健肢固定

③简便夹板固定

在现场，可利用就地材料，如利用足够长度的木板、扁担、竹、树枝等作临时固定。固定方法同木夹板。

2）小腿骨折

①木夹板固定

取两块木夹板，一块木夹板从伤肢髋关节到外踝，一块夹板从大腿根到内踝，在膝、踝关节骨突处和空隙处加垫填实，

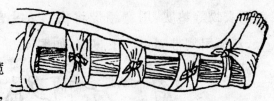

图 4.56　小腿骨折固定

用宽绷带或三角巾于骨折上下两端、大腿根部、膝下、踝部固定。然后用"8"字法固定足踝，如图 4.56 所示。

②健肢固定与股骨健肢固定相同

③简便夹板固定与木板固定相同

（4）脊柱骨折

1）颈椎骨折

脊柱板、颈托固定。按照使用方法操作固定。

2）现场就地取材固定

①木板固定

用一块平坦如担架长、宽的木板作固定物（也可用长木棒两根，短木块数块，用钉子将木块固定在木棒上做成担架），并作为搬运工具。

②制作颈套

用报纸（用柔软的三角巾包在外面）、衣服、毛巾等卷成卷。颈套粗细（宽、厚度）以围在颈部后限制下颌、头部活动为宜（如图4.57所示）。

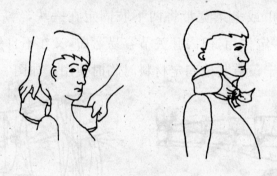

图 4.57　制作颈套并固定

由一人双手牵引头部恢复颈椎轴线位，另一人将制作颈套从颈后向前围于颈部固定。

由一人稳定头部，其他二人以协调的力量将伤病人身体长轴一致侧卧，放置在木板上。伤病人恢复成仰卧位直躺在木板上，头颈左右两侧、腰后空虚处、足踝部用衣物等垫实，用宽绷带将伤病人头部、双肩、骨盆、双下肢、足部固定于木板上，双手用绷带固定放于腹部，如图4.58所示。

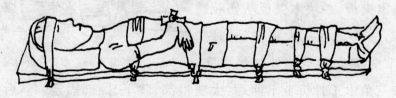

图 4.58　颈椎骨折的临时固定

（5）胸腰椎骨折要特别注意在胸腰部垫实，固定方法同颈椎骨折固定

（6）骨盆骨折

伤病人取仰卧位,两膝关节屈曲,膝下放衬垫垫高。用三角巾或宽布带从臀后两侧环形向前绕骨盆拉紧两端,在两腿之间打结固定。两膝之间放衬垫垫高,两下肢略外展,最好将两膝固定(如图 4.59 所示)

图 4.59　骨盆骨折固定

(7)肋骨骨折

将厚敷料垫放在骨折部位(敷料的大小应压住骨折肋骨的上下两个肋骨的平面),然后用三条绷带加压包扎固定。此法简便易行,但增加了对伤侧胸壁的压迫,增加了对伤侧肺脏的压缩,仅限于急救时用(如图 4.60 所示)。

8.多发伤、复合伤

多发伤是指在同一机械作用下,导致人体相继遭受一个以上解剖部位或脏器的严重损伤,如骨折合并胸腔脏器的损伤。伤情比一般的创伤严重,且在诊断上容易漏诊。因此,对严重创伤,不要被表面的易看出的伤情所迷惑,要特别注意呼吸、脉搏的变化。若判断错误,势必造成伤病人极为不利的后果。

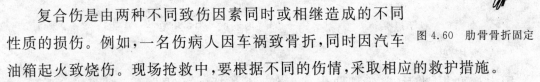

图 4.60　肋骨骨折固定

复合伤是由两种不同致伤因素同时或相继造成的不同性质的损伤。例如,一名伤病人因车祸致骨折,同时因汽车油箱起火致烧伤。现场抢救中,要根据不同的伤情,采取相应的救护措施。

多发伤、复合伤伤情复杂、严重,在现场救护的同时,应紧急向医院呼救,求助专业医务人员来救治。

4.3.4　搬运和运送

遇到创伤病人,人们的习惯是赶快用交通工具将患者送往医院,似乎搬运、运送与急救无密切关系,但事实并非如此。不少创伤病人常因现场搬运方法不当而加重伤情,甚至导致伤者残废或死亡。因此,正确的搬运在各种创伤救护中显得尤为重要。伤病人在现场被急救处理后,应迅速运送医院,使其尽快获得专业治疗,但是,如果伤病人病情重(如休克、呼吸功能障碍等),在没有解除直接威胁生命的情况就送医院,往往在运送途中死亡,或因路途颠簸加重伤情,后果十分严重。为此,伤病人运送必须确保途中安全。

1.搬运器材

(1)担架器材

担架是运送伤病人常用的工具。其种类很多,如折叠式担架、折叠铲式担架、帆布担架等。

(2)自制担架

1)木板担架

用一块平坦如担架长、宽的木板制成。用于运送骨折伤病人。

2)毛毯担架

无骨折的伤病人可运用,也可用床单被罩等代替。

3)毯子担架

两根木棒制成的担架,如图4.61所示。无骨折的伤病人运用。

4)绳子担架

用绳子、长木棒、短木棒各两根制成,如图4.62所示。无骨折的伤病人可运用。

图4.61 毯子担架

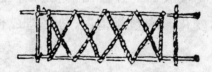
图4.62 绳子担架

5)衣物担架

用木棒两根,将大衣袖翻向内成两管,木棒插入管内制成,如图4.63所示。无骨折的伤病人运用。

6)椅子担架

用木棒两根,用绳子将椅子固定制成,如图4.64所示。

图4.63 衣物担架

图4.64 椅子担架

2.搬运与运送的一般原则与方法

当意外事故与各种灾害事故发生后,现场人员要紧急向医疗机构呼救,并沉着、冷静、迅速地对事故现场进行评估,对伤病人的伤情进行判断。对火灾、有毒气体中毒、建筑物倒塌等危险现场,要根据具体情况,伤病人的伤情,在确保自身安全的情况下,要利用一切抢救手段,如单人搬运(见图 4.65)可采取拖行法、爬行法、背驮法;双人搬运(见图 4.66);多人搬运(见图 4.67)和担架搬运等方法,使伤病人在最短的时间内安全的脱离危险现场。其现场抢救的原则是:先抢后救,抢中有救,先救命后治伤,先重伤后轻伤,争分夺秒地对伤病人实施抢救。当事故现场出现大批伤员时,不要被轻伤员的喊叫所迷惑,让生命处于奄奄一息的危重伤员落在最后抢出。

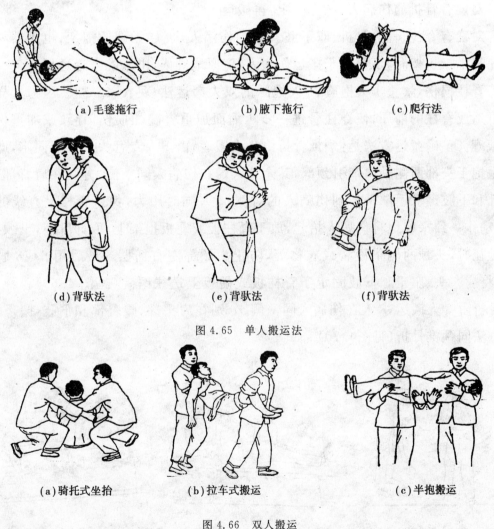

(a)毛毯拖行　　　　(b)腋下拖行　　　　(c)爬行法

(d)背驮法　　　　(e)背驮法　　　　(f)背驮法

图 4.65　单人搬运法

(a)骑托式坐抬　　(b)拉车式搬运　　　　(c)半抱搬运

图 4.66　双人搬运

115

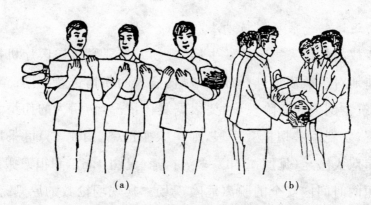

(a)　　　　　　　　　　　　(b)

图 4.67　多人搬运法

现场搬运伤病人,动作要轻巧、协调,要根据伤情轻重,伤情特点,运送路程分别采取不同的搬运方法和运送工具,及时将伤病人运送急救机构救治。

对疑有骨折的伤病人,应先固定,再搬运。

对疑有脊柱、骨盆骨折、双下肢骨折的伤病人,现场无硬质担架,也无器材制作简易木板担架时,不要急于搬运伤病人,应原地等候,由医院来运送伤者。

脊柱损伤,禁止 1 人抱胸、1 人抱腿的双人搬运法(见图 4.68)。因为这样搬运可造成脊柱的前屈,使脊柱骨进一步压缩而加重脊髓的损伤,导致或加重伤病人截瘫。正确搬运方法是:颈椎骨折由 4 人搬运,由 1 人专管头部牵引固定,即将双手抱于头部两侧轴向牵引颈部,其余 3 人蹲在伤病人同一侧,分别在肩背部、腰臀部和下肢。双手掌平伸到伤病人的对侧,4 人同时用力,保持脊椎呈直线的位置,动作一致平稳地将伤病人抬起,放于脊柱板或硬板担架上,取仰卧位,上颈托,无颈托时,头颈两侧垫沙袋或衣物等,防止头颈部左右摇摆。最后用 6～8 固定带,将病人头、躯干和下肢固定于脊柱板或硬板上送往医院(见图 4.69)。胸、腰椎骨折由 3 人搬运,3 人在伤病人同一侧,分别在肩头部、腰臀部和下肢,搬运、固定方法同颈椎骨折(见图4.70)。

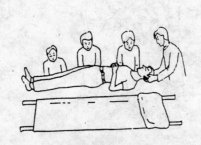

图 4.68　脊柱骨折病人错误搬运法　　图 4.69　脊柱骨折病人正确搬运法　　图 4.70　胸、腰椎骨折病人正确搬运法

伤病人从驾驶室、倒塌物下搬出时,由 1 人双手掌抱于伤病人头部两侧,使头、颈部轴向牵引不动。另 1 人抱住伸直并拢的双下肢,并轴向加以牵制,第3~4人双手托伤病人肩背部及腰臀部,保持脊柱为一条直线,以协调的力量将伤病人平直搬出。

骨盆骨折搬运:将骨折固定后,3 人在伤病人的同一侧,1 人位于伤病人的胸部,伤病人将两手臂抬起分别置于救护人的肩上;1 人位于双下肢,1 人专门保护骨盆。双手平伸,同时用力,将病人抬起来放在硬板担架上。双膝下、骨盆两侧垫衣物等固定,防止运送途中颠簸晃动。最后将头部、双肩、骨盆、膝和踝部用绷带固定于担架上。

对疑有肋骨骨折的伤病人,禁止抱持法、背运法搬运。

颅脑损伤的伤病人(如颅骨骨折、颅内血肿、脑挫裂伤),如离医院近,应用硬质担架平稳搬动病人,以减少对伤病人的震动。如伴有耳鼻出血及清澈、粉红色、水样的脑脊液从鼻腔和耳道流出,不要堵塞,头部略垫高,取侧卧位,出血侧向下,迅速运送医院。

3.运送伤病人注意事项

运送伤病人的工具种类很多,如担架、车辆、船艇、飞机。直升机为空运后送危重伤病人的理想工具,运送及时,可使重伤病人得到及时治疗。

运送危重伤病人,护送者可能是亲属友人,也可能是救护人员或医务人员,但运送途中应注意以下几个方面:

①密切观察伤病人的意识、呼吸、脉搏、瞳孔、面色、血压及主要伤情变化。当出现呼吸、心搏骤停时,则应进行心肺复苏;如伤病人的伤情出现了明显变化,如呕吐、伤口渗血等,应立即进行相应处理。

②注意保持伤病人的特定体位。在运送伤病人时,要根据伤病人的病情,保持特殊体位,如开放性气胸的伤病人,应取半卧位运送;昏迷的伤病人,头偏向一侧;休克伤病人,取平卧位,下肢略抬高;颅骨骨折及脑挫伤者,取头部抬高15°~30°半卧位。其主要体位如图 4.71 所示。

③对上夹板的伤病人,应观察肢体的末端循环情况,如手指、足趾变凉发紫,应立即处理;对上止血带的伤病人,需要定时放松。

④除颅脑损伤和腹部伤外,可给伤病人适量饮水。

(a) 半卧位

(b) 水平体位

(c) 下肢抬高位

(d) 头部抬高位

(e) 侧卧位

(f) 俯卧位

(g) 膝关节屈曲位

图 4.71　运送中的各种体位

第 **5** 章
硫化氢检测与防护设备

在天然气采输作业的工作场所,特别是在含硫地区作业时,一旦 H_2S 气体浓度超标,将威胁现场作业人员的安全,引起人员中毒甚至死亡。因此,H_2S 监测仪器和防护器具的功能是否正常关系到作业者的生命安全,作业者应该了解其结构、原理、性能和使用方法及注意事项。国内外这方面的仪器和设备类型较多,本章选择性的讲解部分,其他类型监测仪器、防护器具的使用,请参见有关的随机说明书。

5.1 呼吸保护设备

在天然气采输作业的工作场所,特别是在含硫地区作业环境中使用个人防护装备,这些作业环境中 H_2S 浓度有可能超过 15 mg/m³(10 ppm)或 SO_2 浓度有可能超过 5.4 mg/m³(2 ppm),在配备有个人防护装备的基础上,应对员工进行选择、使用、检查和维护的个人防护装备的培训。本节主要介绍呼吸保护设备的结构、使用和维护。

常用的 H_2S 防护的呼吸保护设备主要分为隔离式和过滤式两大类。隔离呼吸保护设备有:自给式正压空气呼吸器、逃生呼吸器、移动供气源和长管呼吸器;过滤式的有:全面罩式防毒面具和半面罩式防毒面具。

呼吸防护设备的使用前提：H_2S 作为有毒有害气体的呼吸防护要依据在使用中空气中该物质的浓度加以判定，当然由于使用者的工作的特殊性，用户可以在相应标准下提升防护等级，选择更高级别的呼吸防护产品。

不同浓度 H_2S 对人体的危害及呼吸防护产品的选用等级具体见表 5.1。

表 5.1 呼吸设备选择对照表

H_2S 浓度 mg/m³	接触时间	毒性反应	呼吸防护
0.035		嗅觉阈、开始闻到臭味	过滤式半面罩
0.4		臭味明显	过滤式半面罩
4~7		感到中等强度难闻的臭味	过滤式半面罩
30~40		臭味强烈，仍然忍受，是引起症状的阈浓度	过滤式全面罩
70~150	1~2 h	呼吸道及眼刺激症状，吸入 2~15 min 后嗅觉疲劳不再闻到臭味	过滤式全面罩
300	1 h	6~8 min 出现眼急性刺激性，长期接触引发肺气肿	隔离式防护
760	75~60 s	发生肺水肿，支气管炎及肺炎。接触时间长时引起头疼、头昏、步态不稳、恶心、呕吐、排尿困难	隔离式防护
1 000	数秒	很快出现急性中毒，呼吸加快，麻痹死亡	隔离式防护
1 400	立即	昏迷、呼吸麻痹死亡	隔离式防护

在实际使用过程中由于作业人员的长时间工作可适当提高呼吸防护等级，尤其是工作达 8 h 以上的作业人员。对于呼吸防护产品的选择可通过以下产品加以选择及借鉴。

5.1.1 隔离式防护设备

1.自给式正压空气呼吸器

自给式正压式空气呼吸器，如图 5.1 所示，宜用于 H_2S 浓度超过 15 mg/m³ (10 ppm) 或 SO_2 浓度超过 5.4 mg/m³（2 ppm）的工作区域或氧浓度低于 17% 的环境。进入 H_2S 浓度超过安全临界浓度 30 mg/m³（20 ppm）或怀疑存在 H_2S 或 SO_2 但浓度不详的区域进行作业之前，应戴好正压式空气呼吸器，直到该区域已安全或作业人员返回到安全区域。

（1）执行标准

欧洲标准：EN 137—2007。

中国标准：GA 124—2004（消防）、GB 16556—1996、GB/T 16556—2007。

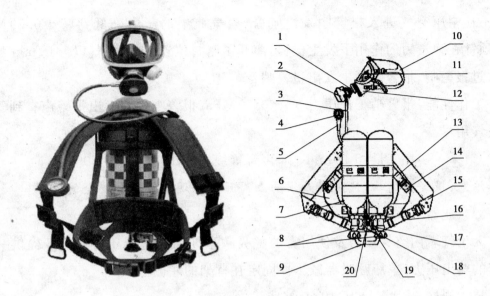

图 5.1　自给式正压空气呼吸器 C900/C850 型

（2）结构（见表 5.2）

结构主要组成：正压式全面罩、背板系统（含背板及系带、供气阀、减压阀、压力表等）和全缠绕式碳纤瓶三大部分。

表 5.2　自给式正压空气呼吸器结构部件表

序号	名　称	序号	名　称
1	供气阀快速接口	11	面屏
2	供气阀	12	面罩
3	中压软管	13	气瓶束带
4	压力表	14	气瓶扣环
5	高压软管	15	肩带
6	腰带	16	肩带扣环
7	气瓶	17	减压阀接口
8	气瓶阀	18	减压阀
9	背架	19	报警哨
10	5 点式头部束带	20	他救接口

1）背架

根据气瓶直径调整好气瓶束带的长度，气瓶束带上有弹性部件，可以弥补气瓶束带长度调整时的误差，不需经常调节束带长度。

2）报警哨

一旦使用者打开气瓶阀，气瓶中高压空气通过减压阀和高压管输送的高压力（初始时是 30 MPa）空气将报警哨中的顶针顶紧在弹簧上，此时顶针起到密封作用,不让中压空气进入报警哨发出哨音,当气瓶中的压力降低到(5 ± 0.5)MPa时,顶针在弹簧力的作用下发生位移,离开了密封位置,中压空气以 5 L/min 的流量通过报警哨,报警哨管中发出报警哨音。

工作性能:报警哨工作压力:(5 ± 0.5)MPa、报警哨始终发出报警声直到气瓶中空气用尽。

耗气量:5 L/min   声音等级:90 dB   频率:3 800 Hz

注意:报警哨鸣响,使用者必须马上离开工作现场撤离到安全的地带!

3)减压器

无论气瓶内空气压力及使用者的呼吸频率如何变化减压器都保证提供一个稳定的输出压力,单瓶呼吸器减压器固定在背架的左侧。

技术规格:最大输入压力:30 MPa

输出压力:(0.7 ± 0.05)MPa

安全阀开启压力:(1.1 ± 0.2)MPa

工作温度:$-30\ ℃\sim+60\ ℃$

类型:动态平衡式

4)安全阀

位于减压器的活塞式结构中,当中压回路中的压力过高时,安全阀会打开向环境大气中排气泄压,当中压压力恢复正常值时,安全阀会重新关闭,安全阀设定压力:(1.1 ± 0.2)MPa。

5)压力表

压力表始终指示气瓶中的压力,它通过一根高压软管与减压器相连,直径50 mm压力指示范围为0~40 MPa,压力表为荧光表面(夜光功能),外部的橡胶具有防震保护功能。高压软管有限流装置,它能将空气流量限制在 25 L/min。

工作性能:压力表度数:0~40 MPa 带安全开口

压力表带夜光功能:0~5 MPa 的区域用红色标示

工作压力:30 MPa

6)供气阀

重量轻,结构紧凑,由防火耐冲击的材料制成,通过弹簧按钮及快速接口与面罩实行快速连接,供气阀通过中压软管与减压器相连,当使用者的呼吸出现障碍时,按下黄色按钮供气阀会自动增大供气量至 450 L/min。按下供气阀上的黄色按钮,可以得到 450 L/min 恒定供气量。

7)全面罩

面罩内正压(面罩内外压差值为 300 Pa)避免有毒气体进入面罩;双层密封边设计,气密封良好;配有口鼻罩,降低面罩内呼出的 CO_2 含量;面罩具有防雾结构设计;配有不锈钢传音膜(侧向设计,方便使用对讲机),确保通话效果良好;可选配专用眼睛架,方便视力不佳者使用;快速插接式开关设计,使用简便,供气迅速。

(3)工作原理

空气呼吸器的工作原理是:压缩空气由高压气瓶经高压快速接头进入减压器,减压器将输入压力转为中压后经中压快速接头输入供气阀。当人员佩戴面罩后,吸气时在负压作用下供气阀将洁净空气以一定的流量进入人员肺部;当呼气时,供气阀停止供气,呼出气体经面罩上的呼气阀门排出。这样形成了一个完整的呼吸过程。

正压式空气呼吸器在呼吸的整个循环过程中,面罩内始终处于正压状态,因而,即使面罩略有泄漏,也只允许面罩内的气体向外泄漏,而外界的染毒气体不会向面罩内泄漏。而且正压式空气呼吸器可按佩戴人员的呼吸需要来控制供给气量的多少,实现按需供气,使人员呼吸更为舒畅。基于上述优点,正压式空气呼吸器已在世界各国广泛使用。

(4)使用时间

正压式空气呼吸器的使用时间取决于气瓶中的压缩空气数量和使用者的耗气量,而耗气量又取决于使用者所进行的体力劳动的性质。在确定耗气量时宜参照表 5.3 中数据确定:

表 5.3　人体呼吸耗气量参数表

序号	劳动类型	耗气量(L/min)
1	休息	10~15
2	轻度活动	15~20
3	轻度工作	20~30
4	中强度工作	30~40
5	高强度工作	35~55
6	长时间劳动	50~80
7	剧烈活动(几分钟)	100

使用者可以通过计算气瓶的水容积和工作压力的乘积来得到气瓶中可呼吸的空气量。例如：

一个公称工作压力 30 MPa 的 6.8 L 气瓶，气瓶中的空气体积为 $6.8×300=2\,040$ L。使用者进行中强度工作时，该气瓶的估计使用时间为：

$$使用时间=\frac{容积×压力}{平均空气消耗量}×安全因子=\frac{6.81×300\ \text{bar}}{40\ \text{L/min}}×0.9≈46\ \text{min}$$

使用者可以在使用前或使用中大致计算出还可以使用多少时间，见表5.4。

表5.4　空气量的预计使用时间统计表

气瓶容积	工作压力	空气体积	理论使用时间
升	MPa	升	按 30 L/min 呼吸量计算
2	30	600	20 min
4.7	30	1 410	47 min
6.8	30	2 040	68 min
6.9	30	2 070	69 min
9	30	2 700	90 min

(5)使用步骤

空气呼吸操作流程见表5.5。

表5.5　空气呼吸器操作流程

步骤	操作说明
预检	检查瓶阀,减压阀处于关闭状态,气瓶束带扣紧,瓶不松动
使用前快速检测	打开瓶阀确认气瓶压力值在 30 MPa(建议不低于 20 MPa)
	打开和关闭瓶阀,观察压力表,在一分钟内压力下降不得大于 2 MPa(根据 EN-137 标准)
	打开瓶阀一圈,然后关闭,慢慢按下强制供气阀(黄色按钮),观测压力表压力变化,在压力降至 5 MPa 时报警哨是否正常报警
	一只手托住面罩将面罩口鼻罩与脸部完全贴合,另一只手将头带后拉罩住头部,收紧头带(如图 5.2 所示)
	检测面罩的气密性:用手掌封住供气口吸气,如果感到无法呼吸且面罩充分贴合则说明密封良好
佩戴	通过套头法,或者甩背法,背上整套装置,双手扣住身体两侧的肩带 D 型环,身体前倾,向后下方拉紧 D 型环直到肩带及背架与身体充分贴合。扣上腰带,拉紧
	打开瓶阀至少两圈,将供气阀推进面罩供气口,听到"咔嗒"的声音,同时快速接口的两侧按钮同时复位则表示已正确连接,即可正常呼吸

步骤	操作说明
使用完毕后的步骤	①按下供气阀快速接口两侧的按钮,使面罩与供气阀脱离 ②扳开头带扣口卸下面罩 ③打开腰带扣 ④松开肩带卸下呼吸器 ⑤关闭瓶阀 ⑥打开强制供气阀放空管路空气

注:在使用前、使用中和使用后都应进行检查,具体可参见表 5.6。

1.打开气瓶阀门

2.检查气瓶气压(压力应大于25 MPa)

3.瓶口朝前握住背托把手

4.拿起呼吸器背向后背

5.将气瓶阀朝下背好

6.调整肩带松紧度

7.插入腰带插头并拉紧

8.将面罩戴在头上

9.收紧面罩紧固带

10.检验面罩气密性

11.安装供气阀

12.佩戴完毕

图 5.2 空气呼吸器佩戴图解

表 5.6 空气呼吸器检查标准(样表)

编号	检查项目	检查结果		备注
1.面罩检查				
1	(1)面罩是否干燥完好,定置存放	正常 ○	不正常○	
2	(2)面罩是否有污染物附着、异味	正常 ○	不正常○	
3	(3)面罩透视性能是否清楚,有无破裂现象	正常 ○	不正常○	
4	(4)橡胶贴合部分是否龟裂、破洞、变形	正常 ○	不正常○	
5	(5)帽带是否破损,失去弹性	正常 ○	不正常○	

续表

编号	检查项目	检查结果		备注
2.气瓶检查				
6	(1)气瓶压力是否低于24 MPa以下	正常 ○	不正常 ○	
7	(2)气瓶接口连接是否紧固	正常 ○	不正常 ○	
8	(3)气瓶是否与背架固定牢靠	正常 ○	不正常 ○	
9	(4)气瓶外观检查是否无划痕及呈现有纤维毛刺	正常 ○	不正常 ○	
3.吸、挂气系统检查				
10	(1)压力表指针是否在"零"位置	正常 ○	不正常 ○	
11	(2)报警哨是否在4～6 MPa之间报警	正常 ○	不正常 ○	
12	(3)气密性检查,观察压力表读数,一分钟内,压力下降不大于2 MPa	正常 ○	不正常 ○	
4.供气系统检查				
13	(1)高压管路及接头是否漏气	正常 ○	不正常 ○	
14	(2)主减压阀总阀是否漏气	正常 ○	不正常 ○	
15	(3)主减压阀是否漏气	正常 ○	不正常 ○	
5.背带及背架				
16	(1)背带是否有污染物附着,扭曲	正常 ○	不正常 ○	
17	(2)背架上的固定螺丝是否松动	正常 ○	不正常 ○	
6.清理及存放				
18	(1)存放前是否关闭气瓶,供气阀无气	正常 ○	不正常 ○	
19	(2)放入携带箱内或悬挂放置是否稳固,并摆放整齐	正常 ○	不正常 ○	
7.其他				
20	(1)背架是否按规定每年进行一次检测	正常 ○	不正常 ○	
21	(2)背架上是否贴有合格的检测标签及检测日期	正常 ○	不正常 ○	
22	(3)气瓶是否按规定每三年进行一次检测	正常 ○	不正常 ○	
23	(4)气瓶上是否贴有合格的检测标签及检测日期	正常 ○	不正常 ○	
注:正常的打√,不正常的打×,并在备注栏进行情况填写。				
检查人: 负责人: 检查时间: 年 月 日				

(6)注意事项

1)建议至少二人一组同时进入现场。

2)报警哨鸣响,使用者必须马上离开工作现场撤离到安全地带。

3)蓄有髯须和佩戴眼镜的人不能使用该呼吸器(或加装面罩镜架套装),因为面部形状或疤痕以致无法保证面罩气密性的也不得使用该呼吸器。

4)在恶劣和紧急的情况下(例如受伤或呼吸困难)或者使用需要额外空气补给时,打开强制供气阀(按下供气阀黄色按钮)呼吸气流将增大到 450 L/min。

5)不要完全排空气瓶中的空气(至少保持 0.5 MPa 的压力)。

6)爱护器材,避免碰撞,不要随意将呼吸器扔在地上,否则会对呼吸器造成严重损害。

7)使用后对压力不在备用要求范围的器材及时更换气瓶。瓶内气体储存 1 个月后,建议更换新鲜空气。

8)整套呼吸器应每年由具备相应资质的单位进行一次检测;全缠绕碳纤维气瓶每 3 年进行 1 次检测,并在呼吸器的显要位置注明检测日期及下次检测日期。

9)所有检查应有记录,而且在大型的抢险及严重的摔伤后,应检测合格后才能下次使用。

(7)清洁保养

1)束带可从背架上被完全解下进行消毒洗涤。

2)在每次使用后,呼吸器上脏的部件必须用温水和中性清洁剂进行清洗,然后用温水漂洗。

3)清洗时必须遵守清洗剂的浓度要求和使用时间限制。清洗剂必须不含腐蚀性成分(有机溶剂可能破坏呼吸器的橡胶或塑料件);也有专用的清洗液。

2.呼吸器充气装置——便携式充气泵

便携式充气泵可分为电动机及汽油机两大类,如图 5.3 所示。

(1)结构及原理

1)主要组件

①压缩机装置

②驱动装置(电动机及汽油机)

③过滤器组件

④充气组件

⑤底板和机座

2)原理

图 5.3　便携式充气泵 JUNIOR Ⅱ

以交流电源或者汽油发动机作动力,通过三级汽缸的空冷往复式活塞运动,将大气中的新鲜空气压缩成 300 Bar 的高压气体的过程,如图 5.4 所示。

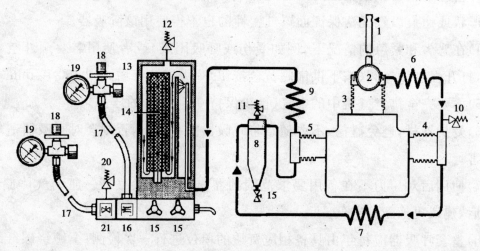

图 5.4　空气流程图

1—伸缩式进气管;2—进气过滤器;3—第 1 级汽缸;4—第 2 级汽缸;5—第 3 级汽缸;6—第 1/2 级中间冷却器;7—第 2/3 级中间冷却器;8—第 2/3 中间分离器;9—后冷却器;10—第 1 级安全阀;11—第 2 级安全阀;12—终压安全阀;13—中央过滤器组件;14—TRIPLEX长寿命滤芯;15—冷凝水排放阀;16—保压阀;17—充灌软管;18—充灌阀;19—终压压力计;20—终压 PN200 安全阀;21—转换装置 *（*附加的选购件）

3）使用步骤（见表 5.7）

表 5.7　便携式充气泵操作卡（样表）

基本信息	操作地点						泵型号				
	操作时间	年	月	日	时	分	—	年	月	日	时　分
	指令人						作业负责人				
	作业人员										
	调度值班人员										
风险提示及控制	1.防止气瓶破裂,气瓶破裂后高压气体冲击伤人。										
	2.防止接头脱落（200 bar 和 300 bar 充气接头是不同的,不能混淆）,高压气体从接头处冲出伤人。										
	3.防止触电,触电将会对人员造成电伤害。										
	4.泄压、吹扫管路严禁正对泄压口。										
应急处置	1.如发生触电情况,应立即切断电源,使触电者脱离带电体;并对触电者进行人工呼吸和胸外心脏按压等临时急救措施,同时拨打120,送医院救治。										
	2.若发生高压气冲出,应首先将受伤人员抬离现场进行初步救治,若较为严重,应送医院救治。										
执行情况	操作人	内容								生产受控	
										提示	确认

续表

执行情况	操作人	内　容		生产受控	
				提示	确认
基本要求	☐	1.操作人员具有相应资质:充气泵操作者取得国家质量技术监督部门的特种设备作业人员资质证。			
	☐	2.周围空气环境符合要求:应保证使用充气泵的区域内的空气清洁流通,应避免在潮湿的环境中长期使用。应尽量在室外且空气清洁的环境中进行,不得在存在有可燃或毒性气体的环境中使用。			
	☐	3.操作充气泵前的安全要求:对使用汽油发动机驱动的充气泵,其排气口必须向着下风向。当发动机点火时,不要操作充气泵。对使用电机式驱动的充气泵,在电源连接时,应保证连接点处符合供电系统的规定。			
	☐	4.充气泵的放置要求:应水平放置。			
准备检查	☐	1.充气泵的使用位置应远离易燃易爆物品,对于汽油发动机驱动的充气泵不得置于室内运行。			
	☐	2.检查润滑油油位符合操作说明书要求。			
	☐	3.核对充气泵运行时间,确定是否需要进行维护保养。			
	☐	4.各连接管线是否连接紧固,高压充气管是否完好。			
	☐	5.确定需进行充气的气瓶额定工作压力与充气泵安全阀整定压力相一致。对于电动机驱动的充气泵,应检查电机的转向,查看皮带运转方向是否与标示方向一致,如相反,应由专业电工将接线进行调相,并确认漏电保护装置是否完好。			
	☐	6.电源线路、插座符合要求,无破损。			
充气操作		步骤确认	要点提示		
	☐	1.启动前的试运行	充气泵启动前,应先打开充气泵排气口。启动后,使其运行 2 min 并稳定后才能进行气瓶充装操作。		
	☐	2.气瓶固定	充气泵与气瓶的连接方式应匹配,将充气阀连接到气瓶上。在充气前应对气瓶进行固定。	☐	☐
	☐	3.打开气阀	首先打开充气阀,再打开气瓶阀,开始对气瓶充气。在充气过程中如发现压力过载,有泄露或其他异常现象,应及时切断电源,方可进行检查。		
	☐	4.排液	充气开始,充气过程中,每隔 15 min 排除冷凝水。充气过程中不能中断超过 10 min,以免 CO_2 进入气瓶。		
	☐	5.关闭气阀、管路泄压	达到额定压力 24~27 MPa 后,先关闭气瓶阀,再关闭充气阀,在充气阀处对充气管路进行泄压。		
	☐	6.拆卸气瓶	从气瓶上取下充气阀,让气瓶自然降温。		

续表

	步骤确认	要点提示		
充气操作	☐ 7.充气过程中的空载运行	充气泵使用时,充气泵安全阀的整定压力应设置在30 MPa,且应连续进行充气作业。每充一只瓶,应保持充气泵空载运行5～10 min,避免连续负荷使用对机器造成损害。		
	☐ 8.停泵、卸压	充气作业完成后,关闭充气泵电源,反复转动压力表下方的卸压阀,将压力表指针归零。		
收尾工作	☐	拔掉充气泵电源,将充气泵放回远处,打扫清洁卫生并做好记录。		
存在问题描述				

说明:1.本卡分别由操作人员和调度室当班人员填写,签字确认。
　　①操作人员负责填写左边的"操作人"确认栏以及右边"生产受控"的"提示"栏。
　　②除基本信息外,调度人员负责按照右边栏目项进行提示和确认,需要事前完成"提示"和事后完成"确认"栏。
　　③操作人员或监督人员负责填写基本信息,并负责资料的存档。
　　2.执行情况:已执行的"√";异常的"×";未执行的"/"。

操作人:

4)空气质量要求

空气呼吸器和正压供气系统的气质应符合表5.8中的规定。

表5.8　空气呼吸器和正压供气系统出气气质

氧气含量(%)	一氧化碳(mg/m³)	二氧化碳(mg/m³)	油分(mg/m³)
19.5～23.5	<15	<1 500	< 7.5

(此表为国内标准,而 API RP 49 中 CO 为小于或等于 12.5 mg/m³,CO₂ 为小于或等于 1 900 mg/m³)

使用注意

①在对呼吸器的瓶进行充装前,应首先确认该瓶是装空气的,因充气泵是由压缩空气而生产的。

②为避免污染的空气进入空气供应系统,当毒性或易燃气体可能污染进气口的情况发生时,应对压缩机的进口空气进行监测。

③使用时不允许有任何覆盖物,保持良好散热;汽油压缩机不能在室内使用。

④空气压缩机必须水平放置,倾斜度不能超过 5°。

⑤充气泵的驱动方式是汽油机的,应按照说明书上的说明,在汽油箱的进口处,加上 93 号汽油;是电动的,需正确的接线,特别是三相电源的,如果线接反了,设备将不能将气体充装至瓶,所以,接线应由专业的电工操作。

⑥电源的额定压力必须稳定,否则会影响设备的正常工作。

⑦依照制造商的维护说明定期更新吸附层和过滤器,压缩机上应保留有资质人员签字的检查标签。

5)维护原则

①进行任何维护工作前都必须切断电源,并卸压维护或维修;只能使用原厂配件,经常检查系统气密性(如在所有接头处涂肥皂水)。

②充气泵停用后应存放在干燥、无灰尘的室内。如长期停用,则应每 6 个月进行一次空载运行,且运行时间不低于 10 min。

③为保证压缩机正常工作并延长使用寿命,请使用经过测试的润滑油,新设备的润滑油的使用不能超过 3 个月;为避免损害(如产生沉淀物),请不要更换润滑油的种类。

④润滑油更换周期:矿物油——每运行 1 000 小时或每一年进行更换。

合成油——每运行 2 000 小时或每两年进行更换。

⑤润滑油更换方法:

A. 取出油尺。

B. 预热空气压缩机。

C. 在润滑油温热状态下,将机坐下的泄油螺丝拧松,排出润滑油。

D. 重新注入润滑油。

E. 用油尺检查润滑油的高度,必须在 MAX 和 MIN 之间(如图 5.5 所示)。

F. 滤芯的更换:根据使用时环境的温度、使用时间、空气质量诸多因素决定,通常情况下建议充装 100 个左右的空瓶后更换。

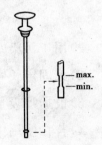

G. 如长期闲置,压缩机和发动机内的油会老化,润滑油最迟 2 年要更换。充气泵维修应由具备相关资质,并经商授权的人员进行。

图 5.5　油尺标注

3.逃生呼吸器

逃生自给式空气呼吸器(见图5.6)的工作原理和使用可参考标准自给式正压空气呼吸器的相关介绍。由于逃生呼吸器通常用于紧急事件逃生用,所以建议存放在可能存在危害事件的,且提供明显标示。

使用注意:

①逃生瓶只能作为逃生使用。

②逃生瓶使用时间大致为5~10 min。

③要确保逃生瓶始终处于充满状态。

4.正压式长管供气系统

正压式长管供气系统是一个远距离空气供应装置,可以同时供给多人使用。长管式呼吸器可根据用途及现场条件选用不同的组件,配装成多种不同的组合装置,由高压气瓶、气泵拖车供气系统或压缩空气集中管路供气,具有使用时间长的优点。

(1)移动供气源(如图5.7所示)

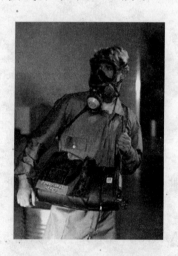

图5.6　逃生呼吸器 EVAPAC　　　　图5.7　移动供气源 TROLLEY

1)用于污染及狭小区域。

2)无固定长管系统。

3)根据呼吸量等因素不同,可持续工作约3 h。

4)若在使用中更换气瓶后可增加使用时间。

(2)长管呼吸器(如图5.8所示)

区别于移动供气源的由一组气瓶供气,它采用具有恒定中压输出的气源,在经过具有过滤作用的移动过滤站过滤后通过长管传送到面罩,面罩前部装有气量调节装置可将气流调节到适合作业人使用的中压。它可以长时间的使用。

由于采用了长管作为传送气源的方式,所以正压式长管供气系统存在一定的危险系数,诸如一旦长管破裂或起源耗尽等,所以在配备此类产品是应配合紧急逃生呼吸器同时使用,通常配合使用的逃生呼吸器在腰部束带上有自动切换装置,一旦长管气源出现低压状况,自动切换装置

图 5.8　长管呼吸器 MC95

会自动将阀门切换到作业人员自身佩戴的逃生呼吸上,并提供报警,确保使用时能及时逃离现场。

使用注意:

①在使用时,需要有专业人员在气源处提供监护,确保使用时提供稳定安全的气源输出。

②检查逃生瓶是否充满,检查标签上是否填写了新的充气日期。

③检查低压管线是否完好并无打扭,空气供给管汇和管线是否完好,检查头带是否完好和已经充分放松。

5.1.2　过滤式防护设备

使用前提:过滤式防护设备由于使用作业人员周围的空气作为气源,且过滤装置存在失效时间,所以对于使用环境有着更高的要求,除了满足过滤式防护设备基本的 O_2 浓度达到国家要求的 18％ 以外还要考虑 H_2S 的浓度。

全面罩式防毒面具如图 5.9、图 5.10 所示,半面罩式防毒面具如图 5.11 所示。

图 5.9　硅胶全面罩 Opti-Fit　　　图 5.10　蓝色 COSMO 全面罩　　　图 5.11　半面罩 Sperial 2000

1. 执行标准

欧洲标准:EN 140(半面罩)、EN 136(全面罩)、EN 141 EN 148(滤盒铝罐)

中国标准:GB 2890—1995。

2. 工作原理

空气过滤面具是有毒作业常用的个体呼吸防护设备,它所使用的化学滤毒盒,能将空气中的有害气体或蒸气滤除,或将其浓度降低,保护使用者的身体健康。对于符合欧盟表示的产品其防护重量可以通过产品标示加以判定,见表5.9。

表 5.9　欧标对照表

种类	颜色	防护气体
A	褐色	有机气体和蒸汽(沸点 > +65°C)
B	灰色	无机气体及蒸汽:Cl_2,H_2S 等
E	黄色	酸性气体及蒸汽:SO_2 等
K	绿色	氨气及其衍生物
AX	褐色	有机气体(沸点 < +65℃)
SX	紫罗兰色	特殊气体(由制造商决定)
NO—P3	蓝白色	磷氧化氮
Hg—P3	红白色	水银

在国家标准中,其可选择防护硫化氢的标号见表5.10。

表 5.10　国标对照表

毒罐编号	标色	防毒类型	防护对象(举例)	试验毒剂
4	灰	防氨、硫化氢	氨、硫化氢	氨(NH_3)
				硫化氢(H_2S)
7	黄	防酸性	酸性气体和蒸气;二氧化碳、氯气、硫化氢、氮的氧化物、光气、磷和含氯有机农药	二氧化硫(SO_2)
8	蓝	防硫化氢	硫化氢	硫化氢(H_2S)

3. 使用步骤

面罩的佩戴以全面罩为例,如图5.12所示。

(1)观察面罩是否处于良好状态(清洁,无裂痕,无橡胶或塑料部件的变形)

(2)根据污染物的特性选用相应的过滤罐

（3）按照图 5.12 所示戴上全面罩

(a)将下鄂放进面罩底部，
将头带拉过头顶
(b)将头带的中心位置
尽量往后拉

(c)先拉下部头带然后上部，
不要过紧
(d)用手堵住呼气阀，吸气并
屏气一段时间看面罩是否
漏气，不漏气可使用，否
则调整头带至合适为止。

图 5.12　全面罩的佩戴

（4）拉动头带以调整半面罩的位置

由于过滤罐的存在而使用户感到轻微的呼吸困难是正常情况。

4. 注意事项

1）选择适当用途的滤盒以适应所处的污染环境。

2）确认所处环境的有毒物质浓度不得超过标准规定的滤盒耐受浓度，具体内容应参考表 5.1 及 GB 2890—1995 标准中的表 5、表 6。

3）确认所处环境中的氧气含量不能低于 18%，温度条件为 −30～45 ℃，有新鲜空气的工作区域。

4）通风良好的室内、水塔、蓄水池等环境，才可使用过滤式呼吸防护设备。

5）如果环境中出现粉尘或气溶胶，则必须使用防尘或防尘加防气体复合过滤盒。

6）储存说明（使用前与使用中）

①在储存期间不应损坏包装。

②滤盒应储存在低温、干燥、无有毒物质的环境中。

③在符合上述储存要求后，滤盒的储存期限为 3 年。

5. 含硫化氢环境中的人身安全防护措施管理

（1）安全防护措施

在含硫化氢环境中作业应采用以下安全防护措施：

1）根据不同作业环境配备相应的 H_2S 监测仪及防护装置，并落实人员管理，使 H_2S 监测仪及防护装置处于备用状态。

2）作业环境应设立风向标。

3）供气装置的空气压缩机应置于上风侧。

4）重点监测区应设置醒目的标志、H_2S 监测探头、报警器及排风扇。

5）进行检修和抢险作业时，应携带 H_2S 监测仪和正压式空气呼吸器。

6）当浓度达到 15 mg/m³（10 ppm）预警时，作业人员应检查泄漏点，准备防护用具，迅速打开排风扇，实施应急程序；当浓度达到 30 mg/m³（20 ppm）报警时，迅速打开排风扇，疏散下风向人员，作业人员应戴上防护用具，进入紧急状态，立即实施应急预案。

（2）钻井过程

钻井过程中，打开硫化氢油气层验收时，作业人员应配备好正压式空气呼吸器及与空气呼吸器气瓶压力相应的空气压缩机，呼吸器和压缩机应落实人员管理。钻井队生产班每人配备一套正压式空气呼吸器，另配一定数量的公用正压式空气呼吸器。其他专业现场作业队也应每人配一套正压式空气呼吸器。井场应配备一定数量的备用空气钢瓶并充满压缩空气，以作快速充气用。有关钻井过程中的安全操作参照 SY5087—2005 执行。

（3）试油、修井及井下作业过程

试油、修井及井下作业过程中，应配备正压式空气呼吸器及与空气呼吸器气瓶压力相应的空气压缩机。井场应配备一定数量的备用空气瓶并充满压缩空气，有关事项应参照 SY/T 6610—2005 执行。

（4）集输站

集输站应配备足够数量的正压式空气呼吸器及与空气呼吸器气瓶压力相应的空气压缩机，应落实人员管理。作业人员进入有泄漏的油气进站区、低凹区、污水区及其他 H_2S 易于积聚的区域时，应按 SY/T 6137—2005 佩戴正压式空气呼吸器。

（5）天然气净化厂

作业人员进入天然气净化厂的脱硫、再生、硫回收、排污放空区域检修和抢险时，应按 SY/T 6137—2005 携带正压式空气呼吸器。

（6）水处理站

油气田水处理站及回注站中作业人员的人身安全防护集输站的管理规定执行,并应符合 SY/T 6137—2005 的规定。

5.2 硫化氢监测

5.2.1 硫化氢监测方法

硫化氢的检测方法主要用醋酸铅试纸法、安培瓶法、抽样管检测法和电子监测仪法。浓度测试方法主要有两种方法:一是现场取样实验室测定,该方法精度高,但程序繁琐,不能及时得到数据;二是现场直接测定,该方法测定迅速,利于现场使用,但测定误差可能较大。

1.醋酸铅试纸法

醋酸铅试纸法又称为化学试剂法,其原理是醋酸铅与硫化氢发生化学反应生成棕色或黑色的硫化铅。

试液配方:10 g 醋酸铅＋100 mL 醋酸(或蒸馏水)

测量原理:$Pb(CH_3COO)_2 + H_2S \longrightarrow PbS$(棕色或黑色)$+ 2CH_3COOH$

2.显色长度监测仪

（1）工作原理

显色长度监测仪也称为比色管监测仪,一直用于应急事故中气体检测中的基本部件,它们被广泛接受并证明可以在 ppm 水平测量很多的有毒有害气体。该比色管监测仪特殊设计的泵及比色指示剂试管探测仪,带有检测管。将已知体积的空气或气体泵入检测管内,管内装有化学剂,可检测出样品中某种气体的存在并显示其浓度。试管中合成色带的长度反映样品中指定化学物质的即时浓度。

（2）使用方法

1）用医用 100 mL 注射器或专用采气筒,一次采样 100 mL。

2）把测定管侧打开,将 H_2S 测试管插入采气筒。

3）将采气筒中气样用 100 mL/min 的速度注入测定管,要检测的 H_2S 气体与指示剂起反应,产生一个变色柱或变色环。

4)由变色柱或变色环上所指出的高度可直接从测定管上 H_2S 气体含量（ppm）。

（3）注意事项

1)比色管只能提供"点测"，无法提供定量分析以及连续的警报。

2)比色管的响应比较慢，它们大约需要几分钟才出结果。

3)比色管的最好精度约在 25%，此时，如果实际浓度约是 100 ppm，管的读数可能在 75～125 ppm 之间。

4)测定管打开后不要放置时间过久，以免影响测定结果。

5)测定管应储放在阴凉处，不要碰坏两端，否则不能使用。

3.便携式硫化氢监测仪

便携式硫化氢监测仪大多是根据控制电位电解法原理设计，具有声光报警、浓度显示和远距离探测的功能，同时具有体积小、重量轻、反应快、灵敏度高等优点。现以 GAXT-H-DL 型便携式 H_2S 监测仪为例介绍其原理及使用方法。

（1）仪器各部名称

GAXT-H-DL 型便携式硫化氢监测仪示意图如图 5.13 所示。

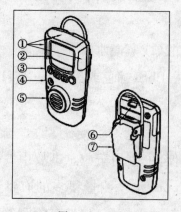

项目	描述
1	视觉警报
2	显示屏
3	按钮
4	声音警报
5	传感器和传感器屏幕
6	红外通讯端口
7	夹扣

图 5.13　GAXT-H-D 型便携式硫化氢监测仪

（2）工作原理

传感器应用了定电压电解法原理，其结构是在电解池内安置 3 个电极，即工作电极、计数电极和参比电极，并施加以一定极化电压，用薄膜同外部隔开，被测气体透过此膜到达工作电极，发生氧化还原反应，传感器此时将有一输出电流，此电流与硫化氢浓度成正比关系。这个电流信号经放大后，变换送至模/数转换器，将模拟量转换成数字量，然后通过液晶显示器显示出来。定电压电解法传感器示意图如图 5.14 所示。

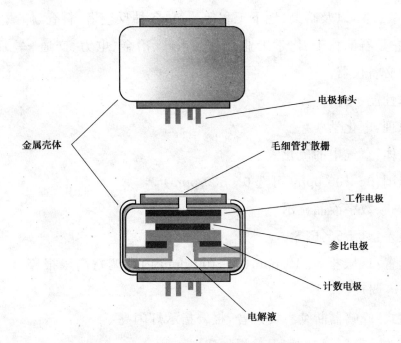

金属壳体

电极插头

毛细管扩散栅

工作电极

参比电极

计数电极

电解液

图 5.14　定电压电解法传感器

以硫化氢在定电压电解法传感器上的氧化过程描述一下它的检测机理：

1）H_2S 在工作电极上的氧化

$$H_2S + 4H_2O \longrightarrow H_2SO_4 + 8H^+ + 8e^-$$

2）计数电极通过将空气或水中的氧气还原对此进行平衡

$$2O_2 + 8H^+ + 8e^- \longrightarrow 4H_2O$$

在检测的过程中消耗的物质仅仅是 H_2S 分子、电能和 O_2，这也是定电压电解法传感器寿命较长的原因。传感器的寿命同它所测量污染物无关，传感器仅仅是测量的催化剂。在检测的过程中传感器没有任何的消耗，它可以通过环境中的氧气和微量水分得到补充。

（3）仪器特点与技术性能

1）仪器特点

该仪器以舒适耐用为设计理念在电路设计上采用了大规模数字集成电路和超微功耗元器件，因而体积小、重量轻，携带方便；简单的按键操作；具有数字显示、声光报警、电源欠压报警的功能。此外，仪器利用可现场更换的 2 年型电池和传感器提供长久的使用寿命，同时校准为自动化程序设计，无须更多的人员操作。该仪器为本质安全防爆结构，其防爆标志为 ia Ⅱ CT4。IP66/67 高防水设计外壳可完全浸入水中。配合外置采样泵还可以远距离进行检测。适用于橡胶、化肥、炼油、皮革等工业,以及暗渠、地下工程等建筑,各种反应塔、料仓、储藏室和车、船舱等地点,它是石油化工、化学工业、人防、市政、冶金、电力、交通、军工、矿山、环保等行业的必备仪器。

2)技术性能

检测原理:电化学

检测气体:空气中的硫化氢

检测范围:0~100 ppm(可选 0~500 ppm)

指示方式:数字液晶显示

检测误差:≤±5％F. S

报警设置:低限报警:10 ppm(0~100 ppm 内可调);高限报警:15 ppm(0~100 ppm 内可调)

报警方式:蜂鸣器断续急促声音,报警指示灯闪亮

报警误差:≤8％(与检测误差累加值)

响应时间:90％以上在 30 s 内响应

运行温度:−40~+50 ℃

供电方式:可更换的 3 V 锂电池,使用时间可达 2 年

传感器寿命:≥3 年

尺寸:28 mm×50 mm×95 mm

质量:约 82 g

防爆级别:本质安全设计

防护 IP 等级:IP66/67

(4)使用方法

警示:对于不同的硫化氢监测仪使用前应仔细阅读说明书。

1)开启电源,仪器按键和显示示意,如图 5.15 所示:

按下开机键 ◎ 即可,此时电源接通,仪器将有显示。

按钮	描述
◎	要打开检测仪,请按◎。 要关闭检测仪,请按住◎ 5 s。 要启用或禁用置信嘟音,在启动时按住○然后按◎。
▼	要使显示值减少,请按▼。 要进入用户选项菜单,同时按住▼和▲ 5 s。 要开始校准和设置警报设定值,请同时按▼和○。
▲	要使显示值增加,请按▲。 要查看 TWA、STEL 和最大气体浓度,请同时按▲和○。
○	要保存显示值,请按○。 要清除 TWA、STEL 和最大气体浓度,请按住○6 s。 要确认收到锁定的警报,按○。

(a)

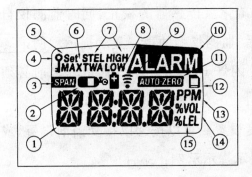

项目	描述
1	数值
2	气瓶
3	传感器量程校正
4	密码锁
5	设置警报设定定值和用户选项
6	最高气体浓度
7	警报状况
8	电池
9	数据传送
10	警报或警报设定值
11	传感器自动归零显示
12	数据记录指示器(可选)
13	百万分率(ppm)
14	体育百分率(%vol)
15	爆炸下限百分率(%LEL) (将来使用)

(b)

图 5.15　GAXT-H 监测仪按键及显示图标说明

2)仪器自检

电源接通后仪器自动对本体结构部件及自身功能进行全面自检,过程大约需要 30 s,如有问题,显示屏上将显示问题状态,只有全部功能自检没有问题后仪器进入正常工作状态。

3)零点校正

仪器在自检后会进行自动零位校正,无需人为进行任何操作。但此时须保证仪器处在洁净的空气环境当中。

4)正常测试

开机并在空气中自动调节"0"显示后,即可进行正常测试。此时测试气体是从仪器前面窗口扩散进入仪器,是测量的周围环境的 H_2S 浓度。

5)关机

按下开机键 5 s 倒计时结束即可关机。

(5)校正方法

1)为了保证仪器测量精度,仪器在使用过程中应定期进行校正并严格记录(一般为每半年校正一次,具体参照仪器说明书)。

2)在洁净的环境中,同时按住○和⊙键(检测器以"嘟"的蜂鸣声和闪烁进行倒计时)直到倒计时结束进入校正状态。显示提示示例: CAL.

3)进入校正状态后 AUTO-ZERO 闪烁,进行硫化氢传感器的校正,同时监测仪自动使传感器复位为零。自动归零过程结束后,监测仪响两声。显示提示示例: 0

4)如果监测仪受密码保护,显示屏上闪烁 PASS,开始设置量程之前必须输入正确的设置密码。显示提示示例: PASS

5)显示屏闪烁当前校正标准气体浓度设置。可以按○以接受当前设置,或按▲或⊙更改设置并按○键确认新设置。显示提示示例: 200

6)当显示屏闪烁气屏图标时,连接校准瓶并应用 500 至 1 000 mL/min 的低流速气体。在调节量程程序结束时,监测仪响三声。移除校准气体。显示提示示例: 0

7)按▲或⊙更改下一个校正到期日。按○键保存。显示提示示例: 180

8)按○键保存当前警报设定值。按▲或⊙更改警报设定值,按○键保存新值。校正完毕时,监测仪嘟嘟响并震动四次。显示提示示例: ALARM 35

(6)用户选项编辑菜单说明

仪器正常工作状态下同时按住▲和⊙键直到倒计时结束进入用户编辑菜单

选项状态,按⏶或⏷键翻页查看菜单选项内容,再按○键确认该项选择。

(7)仪器报警说明(如图 5.16 所示)

警报	显示	警报	显示
低限警报 • 慢速调制音并闪烁 • ALARM 闪烁 • 慢速震动	 LOW ALARM 35 PPM	**TWA 警报** • 慢速调制音并闪烁 • ALARM 闪烁 • 慢速震动	 TWA ALARM 35 PPM
高限警报 • 快速调制音并闪烁 • ALARM 闪烁 • 快速震动	 HIGH ALARM 200 PPM	**STEL 警报** • 快速调制音并闪烁 • ALARM 闪烁 • 快速震动	 STEL ALARM 200 PPM
传感器警报 • 慢速调制音并闪烁 • ALARM 闪烁 • 低速震动	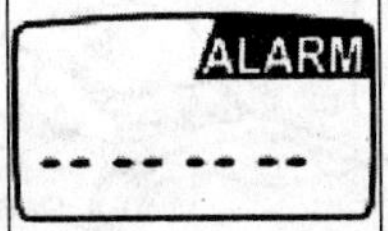 ALARM - - - - - -	**电量不足警报** • 每 5 s 响 1 声并闪烁,每分钟快速震动 1 次(当置信嘟音处于停用状态时)。 • 无响声、闪烁、或震动(当置信嘟音处于启用状态时)。	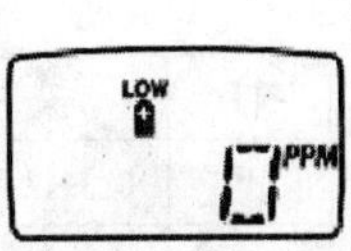 LOW 0 PPM
自动关闭警报 (电量不足) • 8 次响声、闪烁并震动 • 显示 LOW	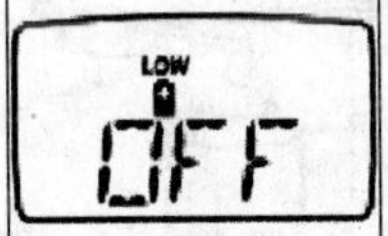 LOW OFF	**自动关闭警报** (校准过期) • 8 次响声、闪烁并震动	 OFF
自动关闭警报之后 (电量不足) • 无调制音 • 无闪烁或震动 • 短暂显示	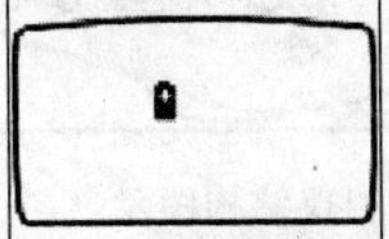	**置信嘟音** • 每 5 s 响 1 声 • 每分钟快速震动 1 次	 0 PPM

图 5.16　仪器报警说明

在发出警报过程中,检测仪启用背光,并显示当前环境气体读数。

高限警报和 STEL 警报具有相同的优先级。高限警报和/或 STEL 警报优先于低限警报和/或 TWA 警报。在−20 ℃以下时无震动警报。

(8)注意事项

1)该仪器为精密安全仪器,不得随意拆动,以免破坏防爆结构。

2)使用前应详细阅读使用说明书,严格遵守使用方法。

3)在潮湿的环境中存放时应加放防潮袋。

4)防止从高处跌落或受到剧烈振动。

5）仪器使用完后应及时维护保养后关闭。

（9）仪器维护保养事项

在维护保养 GAXT-H-DL 硫化氢监测仪时，您只需做一些常规的日常保养工作，就可以提供长年的、值得信赖的服务。请遵循以下指导准则：

1）清洗：必要时请用柔软而干净的布擦拭仪器外壳，不能使用溶剂或清洁剂之类。请确保传感器的过滤即防水膜片完整无碎片。清洗传感器窗口时，要使用柔软干净的布或软毛刷。

2）更换电池和传感器，如图 5.17 所示。

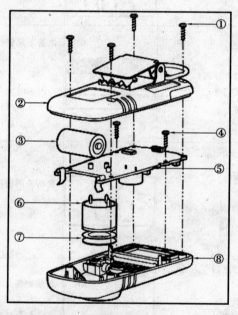

项目	描述
1	检测仪后盖螺丝
2	检测仪后盖
3	电池
4	主板螺丝
5	主板
6	传感器
7	检测仪测器
8	传感器护屏

图 5.17　GAXT-H 监测仪结构图示

首先将仪器关机，拆下图 5.17 所示背面四颗固定螺钉，取下背板后即可进行电池的更换工作，同时拆下图 5.17 所示二颗固定主板螺钉，并将传感器外壳及过滤膜取下，然后抓牢传感器将其从仪器中取出，在空出的传感器插座上插入新的传感器，并将它按紧固定在该位置上。安装完毕后，在将传感器外壳及过滤膜重新装回仪器上，仪器将自动识别新装入的传感器，如果安装的传感器是新的类型，仪器显示将会提示用户下一步使用仪器前对它进行标定。在安装完传感器后，为了确保仪器的准确度，必须在使用前对仪器进行调零。

3）定期校准、测试和检查仪器。

4）保留所有维护、校准和警报事件的操作日志。

5）请不要将仪器长时间浸入到不明液体中。

4.固定式硫化氢监测仪

现场需 24 h 连续监测硫化氢浓度时,应采用固定式硫化氢监测仪,探头数可以根据现场气样测定点的数量来确定。监测仪探头置于现场硫化氢易泄漏区域,主机应安装在控制室。

5.2.2　硫化氢监测仪配备及布设

1.钻井过程

标准:SY 5087—2005 的规定执行。

钻井现场应配备固定式硫化氢监测仪,并且至少应配备 5 台携带式硫化氢监测仪。其他专业现场作业队也应配备一定数量的携带式硫化氢监测仪。

2.试油、修井及井下作业过程

标准:SY/T 6610—2005 的规定执行。

试油、修井及井下作业过程至少应配备 4 台携带式硫化氢监测仪。

3.集输站

集输站中的硫化氢应采取固定式和携带式硫化氢监测仪结合使用。

具体布设如下:

(1)在各单井进站的高压区、油气取样区、排污放空区、油水罐区等易泄漏硫化氢区域应设置醒目的标志,并设置固定探头,在探头附近同时设置报警喇叭。

(2)作业人员巡检时,应佩戴携带式硫化氢监测仪,进入上述区域应注意是否有报警信号。

(3)固定式多点硫化氢监测仪放置于仪表间,探头信号通过电缆送到仪表间,报警信号通过电费从仪表间传送到危险区域。

4.天然气净化厂

天然气净化厂硫化氢监测点应设置在脱硫、再生、硫回收、放空排污等区域,其余与集输站同样。

5.水处理站

油气田水处理站及回注站中的硫化氢监测点布设参照集输站硫化氢监测点布设执行。

5.2.3 硫化氢监测管理

1.硫化氢监测仪预警阈值设定

固定式和携带式 H_2S 监测仪的第 1 级预警阈值均应设置在 15 mg/m³ (10 ppm),第 2 级报警阈值均应设置在 30 mg/m³ (20 ppm),第 3 级报警阈值均应设置在 150 mg/m³ (100 ppm)。

2.报警浓度设置

作业人员在危险场所应佩戴携带式硫化氢监测仪,用来监测工作区域硫化氢的泄漏和浓度变化。

3.硫化氢监测仪的性能要求

硫化氢监测仪的性能应满足表 5.11 所确定的要求。

表 5.11 硫化氢监测仪应满足的参数

参数名称	固定式	携带式
监测范围 [mg/m³(ppm)]	0～150(100)	0～150(100)
显示方式	31/2 液晶显示(ppm 或 mg/m³)或信号传送	31/2 液晶显示(ppm 或 mg/m³)
监测精度 (%)	≤1	≤1
报警点 (mg/m³)	0～150 连续可调	0～150 连续可调
报警精度 [mg/m³(ppm)]	≤5(3.3)	≤5(3.3)
报警方式	(1)蜂鸣器;(2)闪光	(1)蜂鸣器;(2)闪光
响应时间 s	T50≤30(满量程 50%)	T50≤30(满量程 50%)
电源	220 V,50 Hz(转换成直流)	干电池或镍镉电池
连续工作时间 h	连续工作	≥1 000
传感器寿命 年	≥1(电化学式) ≥5(氧化式)	≥1(电化学式)
工作温度℃	−20～55(电化学式)−40～55(氧化式)	−20～55(电化学式) −40～55(氧化式)
相对湿度%	≤95	≤95
校验设备	配备标准样品气	配备标准样品气
安全防爆性	本安防爆	本安防爆

4. 硫化氢监测仪的校验及检定

硫化氢监测仪在使用过程中要定期校验。固定式硫化氢监测仪 1 年校验 1 次,携带式硫化氢监测仪半年校验 1 次。在超过满量程浓度的环境使用后应重新校验。硫化氢监测仪使用前应对满量程响应时间、报警响应时间、报警精度等主要参数进行测试。注意在极端湿度(相对湿度>95%)、极端温度[<−20 ℃或>55 ℃(电化学式)、或<−40℃或>55 ℃(氧化式)]、灰尘和其他有害环境的作业条件下,检查、校验和测试的周期应缩短。检查、校验和测试应做好记录,并妥善保存至少 1 年。凡硫化氢气体监测仪的首次检定、后续检定和使用中检验均应按 JJG695—2003 规定进行。

5.2.4　硫化氢监测注意

①为防止 H_2S 中毒,消除 H_2S 对职工的危害,应从设计抓起,凡新建、改建、扩建工程项目中防止 H_2S 中毒的设施必须与主体工程同时设计、同时施工、同时使用,使作业环境中 H_2S 浓度符合国家安全卫生标准。

②生产企业内有可泄漏 H_2S 有毒气体的场所,应配置固定式 H_2S 监测报警器,有 H_2S 危害的作业场所,应配备便携式 H_2S 监测报警器及适用的防毒防护器材。H_2S 监测报警器具安装率、使用率、完好率应达到 100%。

③加强防止 H_2S 中毒工作,按相关装置和罐区动态硫分布情况进行调查,建立动态硫分布图,在每一个可能泄漏 H_2S 造成中毒危险的工作场所设置警示牌和风向标,明确作业时应采取的防护措施。

④根据不同的生产岗位和工作环境,为作业人配备适用的防毒防护器材,并制定使用管理规定。定期、定点对生产场所 H_2S 的浓度进行检测,对于 H_2S 浓度超标点应立即清查原因并及时整改。

⑤对脱硫和硫黄回收装置,搞好设备、管线的密封,禁止将含 H_2S 的气体排放大气,含硫污水禁止排入其他污水系统。

⑥必须将生活污水系统与工业污水系统隔离,防止 H_2S 窜入生活污水系统,发生中毒事故。

⑦禁止任何人员在不佩戴合适的防毒器材的情况下进入可发生 H_2S 中毒的区域,并禁止在有毒区内脱掉防毒器材。遇有紧急情况,按应急预案进行处理。

⑧在含有 H_2S 的气罐、反应塔以及含有毒有害气体的设备上作业时,必须随

身佩戴好适用的防毒救护器材。作业时应有两人同时到现场,并站在上风向,必须坚持一人作业,一人监护。

⑨凡进入含有 H_2S 介质的设备、容器内作业时,必须按规定切断一切物料,彻底冲洗、吹扫、置换,加好盲板,经取样分析合格,落实安全措施,并按"作业许可证制度"办理作业票证,在有人监护的情况下进行作业。

⑩原则上不得进入工业下水道(井)、污水井、密闭容器等危险场所作业。必须作业时,按"生产作业许可证制度"输作业票证,报主管生产领导批准签发后,在有人监护的情况下方可进行作业。作业人员一般不超过两人,每人次工作不得超过 1 h。

⑪在接触 H_2S 有毒气体的作业中,作业人员一旦发生器 H_2S 中毒,监护人员应立即将中毒人员脱离毒区,在空气新鲜的毒区上风口现场对中毒人员进行心肺复苏术,并通知救护机构。对中毒者进行救护时,救(监)护人员必须佩戴好适用的防毒救护器材,并应防止二次中毒发生。

⑫在发生 H_2S 泄漏且 H_2S 浓度不明的情况下,必须使用隔离式防护器材,不得使用过滤式防护器材,对从事 H_2S 作业的人员,要按国家有关规定进行定期体验。

⑬对可能发生硫化中毒的作业场所,在没有适当防护措施的情况下,任何单位和个人不得强制作业人员进行作业。

第 **6** 章
硫化氢事故应急管理

6.1　应急管理的基本要求及过程

6.1.1　应急管理

1.应急管理的定义

应急管理是在应对突发事件的过程中,为了降低突发事件的危害,达到优化决策的目的,基于对突发事件的原因、过程及后果进行分析,有效集成各方面的相关资源,对突发事件进行有效预警、控制和处理的过程。

2.应急管理的主要内容

应急管理的主要内容应该包括:风险及事故分析、预案编制、预测和预警,资源计划、组织、应急响应、资源调配,事件的后期处理,以及应急制度规范、组织、管理体系的建设等。

应急管理中的主体指的是处理突发事件的人员、组织和管理机构。应急管理的客体主要是突发事件。

资源管理是应急管理的一项重要内容。突发事件的处理必须最终落实在资源的使用方面,在资源管理中需要考虑多种需求问题,如资源的布局、资源的有效

149

调度等。资源的布局是为了有效应对突发事件,预先把恰当数量和种类的资源,按照合理的方式,放置在合适的地方。配置资源时,要考虑资源的一些约束条件,如运输时间、运输成本以及综合成本等,即应把一定种类和数量的资源放置在选定的最佳区域,使其发挥最大的效益。资源调度在应急管理中是一个实施过程,把一定数量的资源组织起来,在限定的时间集结到特定的地点。这里的资源并不只是局限于物资装备资源,还包括各种相关的人力资源、环境资源及社会资源等。

应急预案是应急管理一个重要内容。从国家的"一案三制"的应急管理体系建设要求可以看出,国家把应急预案摆在了对"机制、法制、体制"建设的统领地位,应急预案在应急管理中发挥着纲领和主导作用。应急预案管理包括:应急预案的编制、内审、管理评审、文件发布、备案、培训、演练和修订等。

3.应急管理的作用

应急管理的作用:减少和规避生命和财产损失,使安全管理关口前移,体现社会责任,提升企业文化。

4.应急管理的原则

从应急体系建设的要求来分析,应当遵循以下工作原则:统一领导、分级管理、条块结合、以块为主。

6.1.2 应急管理的四个过程

尽管重大事故的发生具有突发性和偶然性,但重大事故的应急管理不只限于事故发生后的应急救援行动,应急管理应当是对重大事故的全过程管理,贯穿于事故发生的前、中、后各个过程,充分体现了"预防为主,常备不懈"的应急思想。应急管理是一个动态过程,包括预防、准备、响应和恢复 4 个阶段。尽管在实际中这些阶段往往是交叉的,但每一个阶段都有自己的明确目标,而且每一个阶段又是建立在前一阶段的基础之上,因而这 4 个阶段相互关联,构成了重大事故应急管理的循环过程。

预防有两层含义:一是事故的预防工作,即通过安全管理和安全技术阶段,来尽可能地防止事故的发生,实现本质的安全;二是在假定事故必然发生的前提下,通过预先采取的预防措施,来达到降低或减缓事故的影响或后果严重程度,如加大建筑物的安全距离,减少危险品的存量、设置防护墙以及开展公众教育等。从长远观点来看,低成本高效率的预防措施是减少事故损失的关键。

　　应急准备是应急管理中的一个极关键过程,它是针对可能发生的事故为有效地开展应急行动而预先所做的各种准备,包括应急机构的设立和职责的落实、预案的编制、应急队伍建设、应急设备设施、物资的准备和维护、预案的演练、与外部应急力量的衔接等。其目标是保持重大事故应急救援所需的应急能力。

　　响应是在事故发生后立即采取的应急与救援行动。包括事故的报警与通报、人员的紧急疏散、医疗与急救、消防和工程抢险措施、信息收集与应急决策和外部救援等,其目标是尽可能地抢救受害人员、保护可能受到威胁的人群,并尽可能控制并消除事故。

　　恢复应在事故发生之后立即进行,它首先使事故影响区域恢复到相对安全的基本状态,然后逐步恢复到正常状态。要求立即进行的恢复工作包括事故损失评估、原因调查、清理废墟等。在短期恢复中应注意的是:避免出现新的紧急情况,长期恢复包括厂区重建和受影响区域的重新规划和发展。在长期恢复工作中,应吸取事故和应急救援的经验教训,开展进一步的预防工作和减灾工作。

6.1.3　应急管理的基本要求

　　应急管理的基本要求:应急准备有预案、应急响应有程序、应急救援有队伍、应急联动有机制和事后恢复有措施。

6.2　应急预案的基本内容

6.2.1　应急预案

1.应急预案

　　应急预案又称应急计划,是针对可能的重大事故(件)或灾害,为保证迅速、有序、有效地开展应急与救援行动、降低事故损失而预先制定的有关计划或方案。它是在辨识和评估潜在的重大危险、事故类型、发生的可能性、发生过程、事故后果及影响严重程度的基础上,对应急机构与职责、人员、技术、装备、设施(备)、物资、救援行动及其指挥与协调等方面预先做出的具体安排。

2.应急预案的分类和分级

(1)从功能与目标上划分

应急预案从功能与目标上可以划分为4种类型:综合预案、专项预案、现场预案及单项预案。

1)综合预案

它是从总体上阐述处理事故的应急方针、政策,应急组织结构及相关应急职责,应急行动、措施和保障等基本要求和程序,是应对各类事故的综合性文件。通过综合预案,可以很清晰地了解应急的组织体系、运行机制及预案的文件体系。更重要的是,综合预案可以作为应急救援工作的基础和"底线",对那些没有预料的紧急情况也能起到一般的应急指导作用。

2)专项预案

它主要针对某种特有和具体的事故、灾难风险(灾害种类),如地震、重大工业事故等,采取综合性与专业性的减灾、防灾、救灾和灾后恢复行动。专项预案是针对具体的事故类别(如石油天然气井喷、危险化学品泄漏等事故)、危险源和应急保障而制定的计划或方案,是总体应急预案的组成部分,应按照总体应急预案的程序和要求组织制定,具有明确的救援程序和具体的应急救援措施,作为总体应急预案的附件。

3)现场预案

它则以现场设施或活动为具体目标而制定和实施的应急预案,如针对某一重大工业危险源,特大工程项目的施工现场预案要具体、细致、严密。现场处置预案(方案)应具体、简单、针对性强。现场处置方案应根据风险评估及危险性控制措施逐一编制,做到事故相关人员应知应会,熟练掌握,并通过应急演练,做到迅速反应、正确处置。

4)单项预案

它主要是针对些单项、突发的紧急情况所设计的具体行动计划。

(2)从行政层面上划分

从行政层面上,预案可划分为国家、地区、省、市、县和企业(包括社区)6级。

(3)按预案的文件层次划分

按预案的文件层次,可划分为:综合应急预案、专项应急预案和现场处置方案。

3.事故应急救援的基本任务

事故应急救援的基本任务是:防灾→减灾→救灾→恢复。

4.制订应急预案的原则

(1)遵循预防为主的原则,体现出"在安全时制定应对紧急情况的处理方案"。

(2)必须坚持统一领导、统一指挥的原则,要明确紧急情况下谁领导、谁指挥,不能出现群龙无首、各自为政的混乱局面。

(3)制定预案前要进行充分调查,调查内容包括作业区域内及硫化氢可能扩散到的范围内的环境、人员、设施、道路等,做到基本情况心中有数。

(4)充分考虑公众的利益,树立良好的企业形象。

(5)预案所涉及的内容及所要求的措施等应符合本国的法律法规及有关标准。涉外施工作业还要求符合所在国的法律法规及有关国际标准。

(6)坚持单位自救和社会救援相结合的原则。

(7)保存在有利于启动的地方。

6.2.2　应急预案的基本内容

根据生产经营单位生产事故应急预案编制导则(AQ/T 9002—2006),综合应急预案、专项应急预案及现场处置方案的基本内容如下:

1.综合应急预案的构成

(1)总则(编制目的、编制依据、适用范围、应急预案体系、应急工作原则)

(2)生产经营单位的危险性分析(生产经营单位概况、危险源与风险分析)

(3)组织机构及职责(应急组织体系、指挥机构及职责)

(4)预防与预警(危险源监控、预警行动、信息报告与处置)

(5)应急响应(响应分级、响应程序、应急结束)

(6)信息发布

(7)后期处置

(8)保障措施(通信与信息保障、应急队伍保障、应急物资装备保障、经费保障、其他保障)

(9)培训与演练

(10)奖惩

(11)附则(术语和定义、应急预案备案、维护和更新、制定与解释、应急预案实施)

2.专项应急预案的构成

(1)事故类型和危害程度分析

(2)应急处置基本原则

(3)组织机构及职责

(4)预防与预警

(5)信息报告程序

(6)应急处置

(7)应急物资与装备保障

3.现场处置方案的构成

(1)事故特征

(2)应急组织与职责

(3)应急处置

(4)注意事项

6.2.3 中国石油天然气集团公司应急预案编制指南

中国石油天然气集团公司应急预案编制就集团公司及所属企业总体预案、专项预案、现场处置预案的主要内容及要求作出说明。岗位应急处置程序由各企业结合岗位操作规程自行规定。

中国石油天然气集团公司应急预案编制依据《生产经营单位安全生产事故应急预案编制导则》(AQ/T9002—2006)制定,主要适用于指导生产安全、环保等事故灾难类突发事件应急预案制修订工作,其他突发事件应急预案制修订工作可参照执行。

《中国石油天然气集团公司应急预案编制通则》(以下简称新编制通则)共5章28条,其内容见表6.1。

6.2.4 应急预案编制的基本过程

应急预案编制的基本过程如图6.1所示:成立应急预案编制领导小组,进行现状评估,开展编写人员、审核员业务培训,开展制修订工作,进行内部审核,进行管理评审并以公文发布,培训、演习,变更管理,备案。

表 6.1　中国石油天然气集团公司应急预案编制通则

序号	主要要素	主要内容
1	总则	编制目的,编制依据,适用范围,事件分级,工作原则,应急预案关系说明
2	组织机构和职责	组织机构,职责
3	预防与预警	危险源监控,预防与应急准备,监测与预警
4	应急响应	响应流程,分级响应,启动条件,信息报告与处置,应急准备,应急监测,现场处置(水环境污染事件现场处置、有毒气体扩散事件现场处置、溢油事件现场处置、危险化学品及危险废物污染事件现场处置、辐射事件现场处置、受伤人员现场救护、救治与医院救治)
5	安全防护	应急人员的安全防护,受灾群众的安全防护
6	次生灾害防范	
7	应急状态解除	明确应急终止的条件;明确应急终止的程序;明确应急状态终止后,继续进行跟踪环境监测和评估的方案
8	善后处置	明确受灾人员的安置及损失赔偿方案;配合有关部门对环境污染事件中长期环境影响进行评估;明确开展环境恢复与重建工作的内容和程序
9	应急保障	应急保障计划;应急资源;应急物资和装备保障;应急通讯;应急技术;其他保障
10	预案管理	预案培训;预案演练;预案修订;预案备案
	附则	预案的签署和解释;预案的实施
	附件	

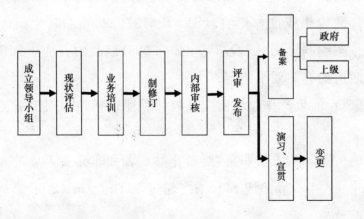

图 6.1　应急预案编制的基本过程

应急预案制定或更新后,应经本级安全生产第一责任人(即行政一把手)审批,报上一级主管部门批准并在相关的部门备案后才能实施。

6.2.5 硫化氢防护应急预案

硫化氢防护应急预案应包括但不限于以下内容：

①应急组织机构

②应急岗位职责

③应急程序

④硫化氢及二氧化硫的特性

⑤设施描述、地图与图纸（注水站，井、储罐组、天然气处理装置及管线，压缩设施）

⑥培训与演习

6.3 应急处置程序

6.3.1 应急处置程序

生产经营单位应评估目前的或新的涉及 H_2S 和 SO_2 的作业，以决定是否要求有应急预案、特殊的应急程序或者培训。这种评价应确定潜在的紧急情况和其对生产经营单位及公众的危害。如果需要应急预案，应根据《含硫化氢的油气生产和天然气处理装置作业推荐作法》（SY/T 6137—2005）和《生产经营单位安全生产事故应急预案编制导则》（AQ/T 9002—2006）以及中石油应急预案编制导则等标准规范和政府的有关要求制定。

含 H_2S 和 SO_2 的生产作业场所应急处置程序包括但不限于下述：

1. 人员职责

预案应明确所有基本人员职责，要禁止参观者和非必要人员进入大气中 H_2S 浓度超过 15 mg/m³（10 ppm）或 SO_2 浓度超过 5.4 mg/m³（2 ppm）的区域。

2. 立即行动计划

3. 电话号码及联系方式

4. 附近居民点、商业场所、公园、学校、宗教场所、道路、医院、运动场及其他人口密度难测的设施等的具体位置

5.疏散路线及路障位置

6.可用的安全设备(如呼吸保护器的数量和位置)

6.3.2　立即行动计划

每个应急预案都宜包括一个简明的"立即行动计划",在任何时间接到硫化氢和二氧化硫有潜在泄漏危险时,应由指定的人员执行计划。为了保护工作人员(包括公众)和减轻泄漏的危害,立即行动计划宜包括并且不仅仅包括以下内容:

1.警示员工并清点人数

(1)离开硫化氢或二氧化硫源,撤离受影响区域

(2)戴上合适的个人正压式空气呼吸器

(3)警示其他受影响的人员

(4)帮助行动困难人员

(5)撤离到指定的紧急集合地点

(6)清点现场人数

2.采取紧急措施控制已有或潜在的 H_2S 或 SO_2 泄漏并消除可能的火源

必要时可启动紧急停工程序以扭转或控制非常事态。如果要求的行动不能及时完成以保护现场作业人员或公众免遭 H_2S 或 SO_2 的危害,可根据现场具体情况,采取以下措施:

直接或通过当地政府机构通知公众,该区域井口下风方向 100 m 处硫化氢或二氧化硫浓度可能会分别超过 75 mg/m^3(50 ppm)和 27 mg/m^3(10 ppm)。

(1)进行紧急撤离

(2)通知电话号码单上最易联系到的上级主管

告知其现场情况以及是否需要紧急援助,该主管应通知(直接或安排通知)电话号码单上其他主管和其他相关人员(包括当地官员)。

(3)向当地官员推荐有关封锁通向非安全地带的未指定路线和提供适当援助等作法

(4)向当地官员推荐疏散公众并提供适当援助等作法

(5)若需要,通告当地政府和国家有关部门

(6)监测暴露区域大气情况〔在实施清除泄漏措施后)以确定何时可以重新安全进入

3.在出现另外的更为严重的情况时,更改立即行动计划应做更改

在出现严重情况时,更改立即行动计划,以使之适应某些行动,特别是涉及公众的行动,应该同政府官员协商。

立即行动计划的实施流程如图 6.2 所示。

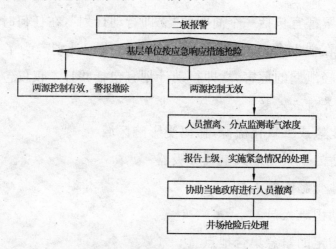

图 6.2　立即行动计划的实施流程图

6.3.3　电话号码和联系方式

作为应急预案重要的一部分,考虑到与相关方应急联系和报告的需要,根据应急通信表(电话号码、联系方式)的内容制成联络框图,以便出现硫化氢或二氧化硫紧急情况时与以下单位联系:

1.应急救援服务单位

救护车、医院、医生、直升机服务、兽医等。

2.政府组织

地方应急救援委员会、国家应急救援中心、消防部门以及其他相关政府部门。

3.生产经营单位和承包商

生产经营单位、承包商、相关服务公司。

4.公众

6.3.4　培训和演练

模拟应急程序的培训和演习是作业人员执行或演示他们的任务的重要手段。在这样的演练中,要包括动用设备和测试通信设备,而模拟伤员要被送往有医治

模拟伤情设施的医院。这些演练应通知政府有关部门（最好能让他们参加）。包括：

(1)基本人员的职责

(2)现场和课堂训练

(3)告知附近居民在紧急情况下的适当保护措施

(4)培训和参加人员的文件记录

(5)告知当地政府官方有关疏散或就地庇护所等的要点

6.3.5　应急预案的更新

应急预案应定期检查,并在其规定条款和范围变化时随时更新。

操作者应对变化具有敏锐的观察力,这些变化会导致对应急预案内容的重新考虑和可能的修订,如计划覆盖范围、改变监测设备的安装位置和油田设备的位置。有些变化是应特别注意和考虑的,如新的居民、住宅区、商店、公园、学校或道路,还有油气井操作和矿场装置的变化等。

例:油气井站发生含硫天然气泄漏的应急处置程序为:

(1)当 H_2S 浓度达到 15 mg/m^3(10 ppm)的阀限值时启动应急程序,现场应:

1)立即安排专人观察风向、风速以便确定受侵害的危险区

2)切断危险区的不防爆电器的电源

3)安排专人佩戴正压式空气呼吸器到危险区检查泄露点

4)非作业人员撤入安全区

(2)当 H_2S 浓度达到 30 mg/m^3(20 ppm)的安全临界浓度时,按应急程序应:

1)戴上正压式空气呼吸器

2)向上级(第一责任人及授权人)报告

3)指派专人至少在主要下风口进行硫化氢监测

4)实施控制程序,控制硫化氢泄漏源

5)撤离现场的非应急人员

6)清点现场人员

7)切断作业现场可能的着火源

8)通知救援机构

6.4　人员素质和应急设备管理

人员素质的高低是制约安全状况的第一要素,在含 H_2S 和 CO_2 气田的钻井、开发、集输与净化上更是如此。所有员工都应具备应对 H_2S 和 CO_2 各种风险的心理准备和技术素质,而这些素质的提高,可依靠高质量的 H_2S 培训工作。《含硫油气田硫化氢监测与人身安全防护规程》(SY/T 6277—2005)和《含硫化氢的油气生产和天然气处理装置作业推荐作法》(SY/T 6137—2005)等标准规范,明确提出了人员培训方面具体要求。

6.4.1　人员素质管理

1. H_2S 防护知识培训的基本要求

在含硫化氢环境中的作业人员上岗前都应接受培训,经考核合格后持证上岗,包括勘探、钻井测井录井、开发、试油、井下作业、集输和净化生产的所有管理人员和岗位操作人员,以及从事地质和设计的人员。

涉及潜在硫化氢的油气开采区域的生产经营单位应警示所有人员(包括雇主、服务公司和承包商)作业过程中可能出现 H_2S 的大气浓度超过 15 mg/m³ (10 ppm)、SO_2 的大气浓度超过 5.4 mg/m³(2 ppm)的情况。在 H_2S 可能会超过 15 mg/m³(10 ppm)或 SO_2 浓度可能会超过 5.4 mg/m³(2 ppm)的区域工作的所有人员在开始工作前都应接受培训。所有雇主,不论是生产经营单位、承包商或转包商,都有责任对他们自己的雇员进行培训和指导。被指派在可能会接触 H_2S 或 SO_2 区域工作的人员应接受 H_2S 防护安全指导人的培训。

2. 培训内容要求

(1)基本要求

在油气生产和气体处理中,培训和反复训练的价值怎么强调都不过分。特定装置或作业的特定性或复杂性将决定指定员工所要进行培训的程度和范围,然而,下面的几点是对定期作业人员的最低限度的培训内容要求:

1) H_2S 和 SO_2 的毒性、特点和性质

2) H_2S 和 SO_2 的来源

3)在工作场所正确使用 H_2S 和 SO_2 检测设备的方法

4)对现场 H_2S 和 SO_2 检测系统发出的报警信号及时判明并作出正确响应

5)暴露于 H_2S 的症状或暴露于 SO_2 的症状

6)H_2S 和 SO_2 泄漏造成中毒的现场救援和紧急处理措施

7)正确使用和维护正压式空气呼吸器以便能在含 H_2S 和 SO_2 的大气中工作（理论和熟练的实际操作）

8)已建立的保护人员免受 H_2S 和 SO_2 危害的工作场所的做法和相关维护程序

9)风向的辨别和疏散路线

10)受限空间和密闭设施进入程序

11)为该设施或作业制定的紧急响应程序

12)安全设备的位置和使用方法

13)紧急集合的地点

（2）附加培训要求

1)对现场监督人员的培训还应进行，应急预案中监督人员的责任和硫化氢对硫化氢处理系统的影响，如腐蚀、变脆等。

2)来访者和其他临时指派人员进入潜在危险区域之前，应向其简要介绍出口路线、紧急集合区域、所用报警信号以及紧急情况的相应措施，包括个人防护设备的使用等。这些人员只有在对应急措施和疏散程序有所了解后，有训练有素的人员在场时，才能进入潜在危险区域。如出现紧急情况，应立即疏散这些人员或及时向他们提供合适的个人防护设备。

3)安全交底：根据现场具体状况召开 H_2S 防护安全会议，任何不熟悉现场的人员进入现场之前，至少应了解紧急疏散程序。

3.培训时间和持证要求

（1）培训时间要求

H_2S 培训工作应按规定进行，首次培训时间不得少于 15 h，每 2 年复训一次，复训时间不得少于 6 h。

（2）培训机构资质要求

H_2S 培训工作应由取得资质的专业培训机构组织进行。

（3）培训记录要求

所有培训课程的日期、指导人、参加人及主题都应形成文件并记录,其记录宜至少保留两年。

6.4.2 应急设备管理

无论是井涌、井喷、井喷失控,还是腐蚀泄露、意外泄露、第三方破坏,含有 H_2S 和 CO_2 的气体都会严重威胁着人们生命安全,应立即应急抢险、疏散人口,将事故损失降到最低。因此,日常生产过程中应急设备的管理就显得尤为必要。

1. 集输场站气防器具配备标准

集输场站包括单井集气站、多井集气站、管道上的输气站和首末站、增压站、回注站等,规模大小不一,人员有多有少,因此设备的种类和数量相差也很大。《含硫化氢的油气生产和天然气处理装置作业推荐作法》(SY/T 6137—2005)中,特设"个体防护装备"内容,原则性的规定了气防器具要求。

（1）固定的硫化氢监测系统

用于油气生产和气体加工中的固定的硫化氢监测系统包括可视的或能发声的警报,要安装在整个工作区域都能察觉的位置。直流电系统的电池在使用中要每天检查,除非有自动的低压报警功能。

（2）便携式检测装置

如果大气中的 H_2S 浓度达到或超过 15 mg/m³（10 ppm）,就应配置便携式检测装置。当大气中的 H_2S 浓度超过所用的 H_2S 检测装置的测量范围,就应配置带有泵和检测管的比色指示管检测仪（显色长度）,以便取得瞬时气体样品,确定密闭装置、储罐、容器等中的硫化氢浓度。

如果大气中的 SO_2 浓度超过 5.4 mg/m³（2 ppm）,应有便携式 SO_2 检测装置或带检测管的比色指示管检测仪,以确定此地区的 SO_2 浓度,并监测受含有 H_2S 的流体燃烧所产生的 H_2S 影响的地区。在此环境中的人员应使用呼吸装备,除非能确认工作区的大气是安全的。

（3）呼吸装备

所有的正压式空气呼吸器都应达到相关的规范要求。下面所列全面罩式呼吸保护设备,宜用于 H_2S 浓度超过 15 mg/m³（10 ppm）或 SO_2 浓度超过 5.4 mg/m³（2 ppm）的作业区域。

1）自给式正压/压力需求型正压式空气呼吸器

在任何硫化氢或二氧化硫浓度条件下均可提供呼吸保护。

2）正压/压力需求型空气管线正压式空气呼吸器

配合一带低压警报的自给式正压式空气呼吸器,额定最短时间为 15 min。该装置可允许使用者从一个工作区域移动到另一个工作区域。

3）正压/压力需求型空气管线正压式空气呼吸器

带一辅助自给式空气源(其额定工作时间最短为 5 min)。只要空气管线与呼吸空气源相连通,就可穿戴该类装置进入工作区域。额定工作时间少于 15 min 的辅助自给式空气源仅适用于逃生或自救。

若作业人员在 H_2S 或 SO_2 浓度超过规定值的区域或空气中 H_2S 或 SO_2 含量不详的地方作业时,应使用带有出口瓶的正压/压力需求型空气管线或自给式正压式空气呼吸器,适当时应带上全面罩。

(4)储存和维护

个人正压式空气呼吸器的安放位置应便于基本人员能够快速方便地取得。基本人员是指那些必须提供正确谨慎安全操作的人员以及需要对有毒 H_2S 或 SO_2 条件进行有效控制的人员。针对特定地点而制定的应急预案可要求配备额外的正压式空气呼吸器。

正压式空气呼吸器应存放在方便、干净卫生的地方。每次使用前后都应对所有正压式空气呼吸器进行检测,并至少每月检查一次,以确保设备维护良好。每月检查结果的记录,包括日期和发现的问题,应妥善保存。这些记录宜至少保留 12 个月。需要维护的设备应作好标识并从库房中拿出,直到修好或更换后再放回。正确保存、维护、处理与检查,对保证个人正压式空气呼吸器的完好性非常重要。应指导使用者如何正确维护该设备,或采取其他方法以保证该设备的完好应根据生产商的推荐作法进行操作。

2.净化厂配备标准

(1)一般要求

典型的天然气处理装置包括比现场操作更复杂的过程,这些不同在于:

1)含有 H_2S 的气体体积可能高于现场条件

2)H_2S 浓度可能高于现场条件

3)一般情况下人员和设备都比现场多

4）人员的工作安排更固定

这些不同之处通常要求特殊的考虑来保证涉及如容器和管道开口部位操作及有限空间进入等的安全。当上述活动准备进行时，宜召开包括操作、维护、承包人和其他涉及方参加的协调会以保证设施人员了解其所涉及的活动、它们对装置操作的影响及应遵守的必要的安全预防措施。

（2）天然气处理装置

天然气处理厂内进行着许多气体处理和硫黄回收过程。这些处理可以分为：化学反应、物理溶解和吸收过程，还可以细分为：再生和非再生的过程。再生过程的化学剂包括胺溶液、热碳酸钾、分子筛和螯合剂。非再生过程的化学剂包括海绵铁、碱吸收液、金属氧化物、直接氧化和其他各种硫黄回收过程。由于这些方法的大多数会导致含硫化氢气流的浓度提高或生成反应产物，操作者应该熟悉该特定装置处理过程中的各种化学和物理特性。如果某一处理装置中所存在的硫化氢总量已经达到了一定界限，应执行国家相关的法律法规的要求。

附录
事故案例

1982 年 10 月 17 日,位于加拿大阿尔伯塔省洛基山脚下的 LODGEPOLE 村庄的一口含硫化氢浓度为 25% 的气井发生井喷,引发的大火一直断续燃烧了 67 天。期间,两名由美国得克萨斯请来援助的井控专家死于 H_2S 中毒。硫化氢中毒事件的原因仍然是由于防护不当而导致惨剧发生。

因此,以下列举了 8 个事故案例,希望从中得到足够的经验和教训。

一、清理水池 H_2S 中毒事故

1998 年 10 月 1 日下午 1 时 45 分,常熟市某集团公司污水处理站在对清水池进行清理时发生硫化氢中毒,死亡 3 人。

1. 事故经过

公司技术发展部 9 月 28 日发出节日期间检修工作通知,其中一项任务就是要求污水处理站宋某和周某,再配一名小工于 10 月 1 日至 10 月 3 日进行清水池清理,并明确宋某全面负责监护。10 月 1 日上午宋某等 3 人完成清理气浮池后,下午 1 时左右就开始清理清水池。其中一名外来临时杂工徐某头戴滤毒罐式防毒面具下池清理。约在下午 1 时 45 分,周某发现徐某没有上来,预感情况不好,当即呼救。这时 2 名租用该集团公司厂房的个体业主施某、邵某闻声赶到现场。

周某即下池营救,施某与邵某在洞口接应,在此同时,污水处理站站长宋某赶到,听说周某下池后也没有上来,随即下池营救,并嘱咐施某与邵某在洞口接应。宋某下洞后,邵某跟随下洞,站在下洞的梯子上,上身在洞外,下身在洞口内,当宋某扶起周某约离池底 5 cm 高处,叫上面的人接应时,因洞口直径小 (0.6 m×0.6 m),邵某身体较胖,一时下不去,接不到,随即宋某也倒下,邵某闻到一股臭鸡蛋味,意识到可能有毒气。在洞口边的施某拉邵某一把说:"宋刚下去,又倒下,不好! 快起来!"邵某当即起来,随后报警"110"。刚赶到现场的公司保卫科长沈某见状后即报警"119",请求营救,并吩咐带空气呼吸器。4~5 min 后,消防人员赶到,救出三名中毒人员,急送常熟市第二人民医院抢救。结果,3 人因抢救无效,于当天下午 2 时 50 分死亡。

2. 事故教训

1)在清水池内积聚大量超标的硫化氢气体而又未做排放处理的情况下,清理工未采取切实有效的防护用具,贸然进入池内作业,引起 H_2S 气体中毒,是事故发生的直接原因。

2)清洗清水池的人员缺乏 H_2S 防护知识,对池内散发出来的有害气体危害的严重性认识不足,违反公司制订的清洗清水池的作业计划和操作规程,没有确认有无有害气体的情况下,人员就下池清洗,结果造成中毒。

职工救护知识缺乏,当第 1 个人下池后发生异常时,第 2 个人未采取有效的个体防护措施贸然下池救人。更为突出的是,当两人已倒在池内,并已闻到强烈的臭鸡蛋味时,作为从事多年清理工作的污水处理站站长,竟然也未采取有效个体防护措施,跟着盲目下池救人,使事态进一步扩大,造成 3 人死亡。公司和设备维修工程部领导对清水池中散发出来气体的性质认识不足,不知其危害的严重性,同时对职工节日加班可能会出现违章作业、贪省求快的情况估计不足,更没有意识到违章清池可能造成的严重后果,放松了教育和现场监督。事故当天,气温较高(31 ℃),加速池内 H_2S 挥发,加之池子结构不合理(长8.3 m,宽2.2 m,深2 m,且封闭型,上面只留有0.6 m×0.6 m的洞口和在边上留有的进出口管道),H_2S 气体无法散发,造成大量积聚。

3)要切实加强对安全生产工作的领导,健全各项安全规章制度。修改和完善清理清水池安全操作规程。全面落实各级安全生产责任制,严格考核。

4)加强对职工安全生产教育与培训。重点要突出岗位安全生产培训,使每个职工都能熟悉了解本岗位的职业危害因素和防护技术及救护知识,教育职工正确使用个体防护用品,教育职工遵章守纪。

5)强化现场监督检查。凡是临时做出的生产、检修计划,必须制订安全措施、强化现场监督,明确负责人和监护人,严格按计划和规程执行。

6)企业要添置必要的检测仪器,进入管道、密闭容器、地窖等场所作业,首先了解介质的性质和危害,对确有危害的场所要检测、查明真相,加强通风置换,正确选择、戴好个体防护用具,并加强监护。

二、玉门油田公司"2.12"H_2S中毒事故

1.事故经过

2010年2月12日15时31分,玉门油田公司炼化总厂质量安全环保部业务主办谈某去常减压装置办理业务,途径气体脱硫装置时,发现液态烃脱硫抽提塔一层平台处法兰泄露,立即打电话向总厂调度汇报。随后按值班领导的要求,迅速安排装置员工用蒸气进行戒备、掩护,对现场和周边公路进行封闭,并通知化验分析监测中心到现场进行监测。装置主任和值班副厂长,机动部主任某某,当班调度纪某等先后赶到现场,采取紧急停泵,切断进料,并向低压瓦斯管网泄压的措施。15时45分,当班运行工程师杨某办理了《设备维修作业证》和《作业项目危害识别表》,由装置主任审批签发,准备更换法拉垫片。18时,塔压降至0.23 MPa。19时40分,赵某、任某、谈某、纪某去吃饭暂时离开,安排继续监护泄压。20时10分,装置主任安排现场处置人员石某对塔顶、塔底压力和液面进行检查,现场显示结果全部为零,并向装置主任李某汇报。装置主任安排李某先做作业准备,并检查压力和液位。随后装置主任去查看泵 P8101 的维修情况。约20时30分,李某对白某、石某进行了分工,由石某监护,李某与白某作业,每人均携带 H_2S 监测报警仪器。石某去取手套,回来后看到李某与白某已开始作业,就上塔进行监护。20时40分,夜班该岗位操作工王某到作业现场协同作业。任某、谈某、纪某饭后回到现场看到已开始作业,之后值班副厂长赵某也赶赴现场。21时20分左右,李某将旧垫片取出,高某将新垫片送至塔顶,李某、王某、白某换

上新垫片进行螺栓紧固时,该法兰动测部位突然喷出物料,李某、高某和王某躲避不及,当即晕倒。白某、石某紧急避险后,观察已经没有泄露,上前抢救晕倒人员。在现场的李某等人听到呼叫后,立即进行救援。施救人员将中毒人员移至上风向路边,对中毒人员实施心肺复苏,并拨打120报警,联系车辆将中毒人员送往医院治疗。李某于2月12日23时30分因抢救无效死亡,高某于2月13日0时39分因抢救无效死亡。白某、石某等4人已经出院,王某继续观察治疗。事故发生后,油田公司及炼化总厂迅速组织人员赶往现场应急处置。2月13日3时20分,将阀门法兰垫片更换完毕,装置恢复生产,其他装置生产正常。

2.事故原因分析

(1)直接原因

从以上作业过程进行分析,事故的直接原因是:作业人员在没有佩戴空气呼吸器的情况下,违章冒险作业,造成H_2S中毒事故。

(2)间接原因

1)作业人员对作业动态危害辨识不到位,将冻凝停止泄漏的情况判断为压力已经泄完,在紧固螺栓过程中管线内冻结的物料被挤碎塔内及管线未退净的含H_2S的物料突然泄漏。

2)厂部值班干部赵某(主管生产副厂长)、任某(机动部主管)、谈某(安全科安全监督)及装置主任对作业过程的安全进行了要求和安排,而实际对作业过程失去监管,未能及时制止作业人员的违章行为,管理严重失职。

3.事故教训及防范措施

(1)事故教训

一是部分领导干部工作作风不扎实,安全责任制落实不到位。

长期的安全平稳运行,使部分领导干部思想麻痹,未能切实落实反违章禁令的要求,管理责任不落实,工作中不能以身作则,率先垂范,职责履行不到位。个别员工风险意识不强,心存侥幸,没有真正做到令行禁止。"2.12"事故虽然发生在装置,表现在操作层面,究其根源在于领导,实质是管理问题。此次事故暴露出生产操作和作业缺乏严密组织和严格管理。领导干部的疏于管理、员工的粗心随意,最终酿成了这起事故。

二是虽然有具体的规章制度,但有章不循、执行不力、监管失控。

作业时虽然按照规定和程序办理了作业票证,制定了相应的安全措施,但在具体的作业过程中,却存在安全监管、措施落实严重不到位,使危害识别没有真正起到消减安全风险的应有作用。特别是作业人员在空气呼吸器已拿到现场的情况下,却没有按要求佩戴空气呼吸器进入现场作业,而且现场其他人员没有及时制止。

三是安全教育培训工作不扎实。员工对冬季作业的安全风险认识不足、思想麻痹,应急处置能力的培训还很薄弱,处理突发事件的能力不足,应急处置不当。现场人员缺乏安全防护意识,未采取正确的防护措施冒险进行应急救援,致使多人出现不适入院观察。

(2)防范措施

1)进一步强化各级干部的安全管理职责,牢固树立安全是天字号工程的思想,切实转变工作作风。尤其是领导干部在工作中如发现违章不制止的按照违章处理,导致事故的按其职责追究责任,把违章当事故处理。同时要求各级领导带头深入开展风险识别和安全经验分享,认真履行职责,抓好关键环节、要害部位、重要岗位安全管理,重要施工、特殊作业过程中领导干部必须现场把关,作业期间不得以任何理由离开作业现场,坚决克服麻痹、侥幸的心理,杜绝违章作业,确保安全生产。

2)凡是存在硫化氢、苯、氮气等有毒有害介质的场所,在进行任何管线打开作业和开关放空、导淋阀门等作业过程中,必须携带检测报警仪器、佩戴正压式空气呼吸器,否则严禁作业,违反此规定,按照集团公司《反违章禁令》严肃处理。

3)狠抓作业过程控制,实施作业开工令制度。严格落实作业许可管理,强化非常规作业和危险作业控制,作业过程中的每步操作必须识别风险、认真确认、严格监督。作业票办理人员必须按照制定措施、实施措施、确认措施落实的程序逐条进行,作业项目负责人、监护人、作业人必须按程序确认措施落实后方可签字,审批人最后确认措施落实后方可签字下达开工令。

4)作业监护人由作业单位项目负责人按照监护人职责指定符合要求的人员担任,存在甲乙方作业的,分别由甲乙方作业负责人各指定一名监护人。作业期间,作业监护人不得以任何理由离开作业现场。违反此规定的,严肃追究责任。

5)强化应急管理和岗位员工的应急能力训练。各级管理干部重点要加强应急知识和应急指挥能力训练,员工重点是进行现场演练,切实增强全员应急处置能力。在应急抢险过程中,情况不明时,必须佩戴正压式空气呼吸器和检测报警仪器方可进入现场进行施救。

6)立即开展"狠反违章、排查隐患、堵塞漏洞、消除死角"安全整治活动。尤其对有毒有害、进入有限空间等危险作业严格审批、落实责任、强化监督、加强监控，并针对安全管理中存在的制度执行不严、有令不行、有禁不止、安全监管不力、风险识别不细、措施不落实等问题，深入分析、查找问题，树立新观念，养成好习惯，提高防控能力。

7)以"2.12"事故为典型，开展安全大讨论。在领导干部中开展"违章指挥就是渎职，不制止违章就是违章及为什么不制止违章"的反思和讨论。全员开展以"事故为什么会发生、能不能避免、办理了作业票措施为什么不执行、明知危险为什么还作业"等11个问题为主要内容的"认识不到位、措施不到位，执行不到位"的大讨论，举一反三，查找安全管理的薄弱环节，坚决消除安全管理死角和盲区。

8)强化安全教育和培训，提高全员安全技能。以 H_2S 等危险物质的防范措施、作业制度、操作规程、气防设施的使用等作为重点内容，立即组织员工进行教育培训，并对培训效果和应急处置能力进行考核，切实提高员工的综合安全素质。

9)坚决执行事故"四不放过"的处理原则。全力以赴配合事故调查，以严细认真的态度，深挖细找薄弱环节，关口前移，严格管理，把安全管理的重点和关键放在现场，保证现场的所有活动都处于受控状态。

三、某气矿 H_2S 中毒事故

1.事故经过

2008 年 8 月 5 日，某气矿天然气净化厂 50×10^4 m^3/d 净化装置(引进设备)开始停产大修。吸收塔塔盘经过水洗并用压缩空气对塔内有害气体进行置换后，8 月 8 日 10：00 从塔顶取样分析 H_2S 含量为 14.51 mg/m^3；8 月 9 日 8：30 再次取样分析，H_2S 含量为 3.66 mg/m^3，符合工业企业设计卫生标准(最高容许浓度为 10 ppm)，再由杨某将活鸡、活兔放入塔内进行动物活性试验，一切正常后，于当日 16：00 清洗完毕。

8 月 10 日 8：10，引进车间副主任任某和班长王某上吸收塔检查验收塔内清洗质量，发现第 8 层未洗干净，塔底有淤泥，安排刘某进塔清除。由于王某检查3/4

胶皮管从富液出口引入压缩空气情况,确认了压缩空气阀门已开,由大班长魏某向刘某交代安全注意事项。9:00刘某进入塔底并清除淤泥6桶,由杨某在塔内上部监护,任某、胡某在塔外上部入孔平台处监护,9:30清渣结束。刘某出塔后,任某用水冲洗塔底,直到出水干净。10:10由杨某进入塔底去检查清洗情况,胡某负责监护,以喊话和拉绳子的方式传递信号,10:10喊话联络无应答,胡某便下去查看情况,这时由任某和刘某监护,10:15左右,胡某和监护人任某喊话联络中断,任某迅速通知地面人员组织抢救。

任某佩戴防毒面罩到塔底,发现杨某侧倒,脸朝下,接触塔底积水,胡某靠塔壁,任某将杨某扶正,用手掐两人的人中穴急救,并用塔顶吊下的一具氧呼给胡某戴上,因塔底蜷曲两人,空间十分狭小,无法再吊入氧呼给杨某,任某立即用塔上放下绳子套住胡某,塔外人员立即向上拉,但中途滑脱。现场立即派潭某入塔参与抢救,11:20救出胡某,现场医生立即进行输液,并同时送急救中心。

救出胡某后,陈某立即穿戴防毒面罩到塔底查看,发现杨某头部有血,肢体发凉,陈某随即出塔,12:30杨某被救出,此时已无心跳和呼吸,现场抢救25 min,然后送市急救中心,经心肺脑等抢救约40 min无效死亡。

2. 事故原因

(1)直接原因

刘某清渣后,任某用水冲洗塔底,由于仪表风胶管口淹没入水里,水的飞溅和空气吹动,造成塔底剩余残渣夹带H_2S迅速释放并积聚塔底,引起塔底H_2S浓度迅速升高,导致2人死亡事故。

(2)间接原因

1)现场存在违章作业:一是冲洗后塔内环境作业条件发生改变,未对塔内H_2S浓度重新检测,致杨某进入底层作业时中毒;二是杨某塔内作业未佩戴防毒用品,随后监护人胡某也未佩戴防毒用品,造成本人中毒,增加了施救难度,延误了施救时间。

2)现场检修人员对引进设备资料消化不全,对吸收塔下部分离器设置有内入孔的结构认识不清,作业中未及时打开内入孔,导致塔内通风不良,施救困难。

3)管理上的原因

①安全意识淡漠。净化厂建厂后多年无事故,致使领导思想麻痹,工作不扎实,放松了安全警惕,表现在对装置大修的组织不力,大修的项目组和领导小组成

员多数不在现场组织指挥,没有严格按 HSE 管理体系要求进行项目作业;拟订的应急方案未经厂级讨论和修改,更未送矿主管部门审核批准,有的条款无操作性,施工作业方案存在错误的地方。

②大修的组织管理不善。本次大修,油气矿、净化厂及引进车间虽然均成立了项目组或领导小组,但涉及人员要么不能有效履行职责,要么同一人在不同文件中有不同的职责,形成职责交叉。

③安全职责不落实。在油气矿《关于成立净化厂 50 万装置大修的项目组》的文件中,对质量、成本、效益提出了要求,但未明确安全控制措施。净化厂在成立相应的大修领导小组时,仍然未落实安全责任人,致使 50 万装置大修的作业中安全责任不落实。

④职能部门监管不力。油气矿开发部对净化厂大修的过程控制不力,对大修方案和技术措施审查不细,存在错漏;技安环保部对项目大修监管不到位,未实行有效监督。

四、某天然气净化厂 H_2S 中毒事故

1. 事故经过

2003 年 1 月 11 日 1:36,某天然气净化厂净化工段当班负责脱硫脱水装置操作的副班长阳某,在中心控制室内看见尾气处理单元低位池蒸汽阀门。1:45 该班负责硫黄回收和尾气处理单元的副班长李某到现场巡检时,发现肖某趴在尾气处理单元溶液补充罐平台护栏上,且呼叫不应,判断已中毒,立即就近用现场广播电话向班长报告,班长立即组织班员将中毒员工抬到现场值班室进行急救,经厂、县、市医院抢救治疗后恢复。

2. 事故原因分析

(1)直接原因

操作工肖某未遵守《防硫化氢中毒安全预案》,未佩戴必要的防护器具,未佩戴 H_2S 报警仪,在无人监护的情况下进入危险区域作业,因吸入 H_2S 气体而导致中毒。

（2）间接原因

1）2002 年 12 月 21 日引进厂装置大修基本结束，提前开产，在向脱硫系统打入溶液，脱硫单元溶液补充泵电机发生故障不能在短时间内修复。为保证按时开产，引进分厂采取了脱硫单元溶液补充罐中溶液由潜水泵→消防水带→尾气处理单元溶液补充罐→尾气处理单元溶液补充泵→消防水带，最后打入脱硫系统的临时措施。装置开产后，在脱硫单元溶液补充泵电机尚未修复的情况下，对清洗富液过滤器时排到脱硫单元溶液补充罐的溶液仍然采取与上述相同的临时措施，比空气重的 H_2S 气体从溶液中解析出来后沉积在坑池内。

2）相关管理人员在生产工艺流程发生重大变更时，对可能存在的危险因素没有引起足够的重视，也未执行 HSE 管理体系文件中的《变更管理程序》。

3）相关操作人员对现场硫化氢报警仪 28 min 报警，未进行及时报告和处理。

3. 事故教训及防范措施

1）严格贯彻执行岗位责任制，安全生产责任制，工艺纪律和各项规章制度，加大监督检查力度。

2）严格工艺装置检修验收程序和投产程序及工艺变更审批程序。

3）对天然气净化过程中各种危险源进行全面识别和控制。

4）加强员工培训，提高员工的技术素质和安全意识。

五、"12.23"重庆开县 H_2S 中毒事故

1. 事故经过

罗家 16H 井位于重庆开县高桥镇东面 1 km 处的晓阳村，井场位于小山坳里，井场周围 300 mm 范围内散布有 60 多户农户，最近的距井场不到 50 m。当地属于盆周山区，道路交通状况很差。罗家 16H 井是一口布置在丛式井井场上的水平开发井，拟钻采罗家寨飞仙关鲕滩，气藏的高含硫天然气，该气藏 H_2S 含量 7%～10.44%。

2003 年 12 月 23 日 2 时 52 分，罗家 16H 井钻进至深 4 049.68 m 时，因更换钻具，开始正常起钻，21 时 55 分，录井员发现录井仪显示钻井液密度、电导、出口温度异常；烃类组分出现异常，钻井液总体积上涨。泥浆员随即经钻井液导管出

口处跑上平台向司钻报告发生井涌,司钻发出井喷警报。司钻停止起钻,下放钻具,准备抢接顶驱关旋塞,但在下放钻具十余米时,发生井喷(21 时 57 分),顶驱下部起火。通过远程控制台关全闭防喷器,将钻杆压扁,火势减小,没有被完全挤扁的钻杆内喷出的钻井液将顶驱的火熄灭。拟上提顶驱,拉断全封闭以上的钻杆,未成功。启动钻井泵向井筒内环空泵注加重钻井液,因与井筒环空连接的井场放喷管线阀门未关闭,加重钻井液由防喷管线喷出,内喷仍在继续,22 时 04 分左右,井喷完全失控。至 24 日 15 时 55 分左右点火成功。高含硫天然气未点火释放持续了 18 h 左右。经过周密部署和充分准备,现场抢险人员于 12 月 27 日成功实施压井,结束了这次特大井喷事故。这次事故造成井场周围居民和井队职工 243 人死亡,2 142 人中毒,6 万余人疏散转移,经济损失上亿元。

2.事故原因分析

(1)直接原因

1)起钻前泥浆循环时间严重不足。没有按照规定在起钻前要进行 90 min 泥浆循环,仅循环 35 min 就起钻,没有将井下气体和岩石钻屑全部排出,使起密封作用的泥浆液柱密度降低,影响密封效果。

2)长时间停机检修后没有充分循环泥浆即进行起钻。没有排出气侵泥浆,影响泥浆液柱的密度和密封效果。

3)起钻过程中没有按规定灌注泥浆。没有遵守每提升 3 柱钻杆灌满泥浆 1 次的规定,其中有 9 次是超过 3 柱才进行灌浆操作的,最多至提升 9 柱才进行灌浆,造成井下没有足够的泥浆及时填补钻具提升后的空间,减少了泥浆柱的密封作用。

4)未能及时发现溢流征兆。当班人员工作疏忽,没有认真观察录井仪,未及时发现泥浆流量变化等溢流征兆。

5)卸下钻具中防止井喷的回压阀。有关负责人员违反作业规程,违章指挥卸掉回压阀,致使发生井喷时无法进行控制,导致井喷失控。

6)未能及时采取放喷管点火,将高浓度 H_2S 天然气焚烧处理,造成大量 H_2S 喷出扩散,导致人员中毒伤亡。

(2)间接原因

1)安全生产责任制不落实。该事故的间接原因表现出该井场严重的现场管理不严、违章指挥、违章作业问题。

2)工程设计有缺陷,审查把关不严。未按照有关安全标准标明井场周围规定区域内居民点等重点项目,没有进行安全评价、审查、对危险因素缺乏分析论证。

3)事故应急预案不完善。井队没有制定针对社会的事故应急预案,没有和当地地方政府建立事故应急联动体系和紧急状态联系方法,没有及时向当地政府报告事故、告知组织群众疏散的方向、距离和避险措施,致使地方政府事故应急处理工作陷于被动。

4)高危作业企业没有对社会进行安全告知。井队没有向当地政府通报生产作业具有的潜在危险、可能发生的事故及危害、事故应急措施和方案,没有向人民群众做有关宣教工作,致使当地政府和人民群众不了解事故可能造成的危害、应急防护常识和避险措施。由于当地政府工作人员和人民群众没有 H_2S 中毒和避险防护知识,致使事故损害扩大(如有部分撤离群众就是看到井喷没有发生爆炸和火灾,而自行返回村庄,造成中毒死亡)。

六、"10·27"某油田分包商人身伤亡事故

1.事故经过

2008 年 10 月 27 日 16:20 左右,某建筑安装工程有限公司在苏北路某油田雨水提升泵站闸门井实施封堵墙拆除施工过程中,发生一起人身伤亡事故。事故造成 3 人死亡,直接经济损失 45 万元。

为了解决油田基地马颊河以东区域污雨水混排问题,减轻马颊河的水质污染,2008 年 7 月,油田计划部门向公共事业管理处下达了《部分雨水提升站改造工程》,工程总投资 260 万元。其中包括苏北路站前雨水系统改造工程,主要工作为新增前期雨水系统、马颊河回流系统,新增两台 500 m³/h 提升泵,新建两处闸门井。

该工程总承包方为油田建设集团公司市政建设工程处,监理方为油田矿建部。在工程实施过程中,建设集团公司市政建设工程处将工程的土建部分,分包给了某建筑安装工程有限公司。

8 月 13 日,油田建设集团公司市政建设工程处项目技术负责人吴某、项目技术员刘某与惠源公司项目负责人田某进行了安全技术交底。

8月14日,油田建设集团公司市政建设工程处与惠源公司签订了《苏北路雨水改造工程施工安全协议书》,明确了双方的安全责任和义务。8月16日,公共事业管理处与总承包方油田建设集团公司市政建设工程处签订了《苏北路雨水改造工程施工安全协议书》,明确了双方的安全责任和义务。

8月17日,项目正式开工。在工程施工过程中,为在原有雨水管线上建设闸门井(宽2.0 m、长2.5 m、深7.9 m)的需要,某建筑安装工程有限公司施工人员将原有的直径为1 500 mm的雨水管线两侧进行了封堵,其中南侧窨井处采用砌墙和沙袋封堵的方式,北侧新建闸门井处采用砖砌水泥抹面封堵的方式。

10月27日下午14:30左右,某建筑安装工程有限公司项目负责人田某根据工程项目总体安排,带领技术员丁某,员工商某、吴某、田某、王某等6人,到苏北路雨水提升站施工工地,对新建闸门井的砖砌水泥抹面封堵墙实施拆除作业。

14:40左右,商某穿好连体雨裤,丁某、吴某使用直径约15 mm的麻绳将商某拦腰系住后,下到了新建闸门井中,用12磅的大锤砸封堵墙。十几分钟后,封堵墙被砸开一个直径为100～200 mm的洞口,南侧雨水管道内的污雨水急速流出。站在闸门井口的田某、丁某等发现水流较急和井内臭味较浓,要求商某立即上来,商某还想进一步将出水口扩大,在井上拉牵引绳的丁某、吴某强行将商某拉出井口。随后,田某、丁某在嘱咐商某、吴某等到污雨水泄压后再进行封堵墙的拆除工作之后,2人驾车离开现场。

16:00左右,油田建设集团公司市政建设工程处部分雨水提升站项目副经理曹某到苏北路雨水提升泵站查看排气阀故障情况,看到商某在闸门井中砸封堵墙,立即要求商某从井中上来;商某从井中上来后,曹某要求采取措施以后再进行施工。随后,曹某前去泵房内查看排气阀维修情况。

16:20左右,商某未听从田某、丁某和曹某的安排,再次擅自下到闸门井中,继续进行封堵墙拆除作业。当下到闸门井三分之二处,商某突然栽入闸门井污雨水中。在旁边经过的公共事业管理处雨水提升站职工夏某看到这种情况,立即叫曹某一起跑到雨水提升泵站值班室,先后向110、120、119报警,并开启雨水提升泵进行排水。2人迅速回到现场后,看到田某已经下井救人,并听在场的王某说,吴某也已下井救人。

10月27日16:23,油田消防支队接到事故报警,16:26赶到事故现场,对闸门井中的有害气体和含氧量进行检测、佩戴好空气呼吸器后,立即开始施救。

16：50左右，商某被救出并立即送往油田总医院，经抢救无效死亡。18：00左右，田某被救出（已经死亡），并立即送往市中医院存放。

由于水流不断加大，闸门井内臭味加重，井下情况复杂，无法确定吴某的具体位置，救援工作难度很大。为了确保救援人员的安全，决定将上游来水管道堵死，将水抽出，进行强制通风后再下井救援。

10月28日8：30左右，来水管道封堵工作完毕，井下水流减弱。进行强制通风后，救援人员从北侧清污井下到井底，发现吴某位于北侧井底管道口1.5 m的位置，已经死亡。

10：00左右将死者捞出，送往油田总医院存放。经事后综合各方面的情况分析，商某、吴某、田某3人均是在下井过程中发生急性中毒后，落入井底污雨水中，溺水死亡。

2. 事故原因分析

（1）直接原因

1）某建筑安装工程有限公司现场施工作业人员安全意识淡薄、自我保护意识差，项目经理田某违章指挥，商某违反某油田安全生产禁令，未对施工现场存在的风险进行分析、没有采取有效防护措施情况下，冒险进入受限空间作业。尤其是在意识到可能发生危险的情况下，重复下井施工是导致事故发生的直接原因。

2）看到商某跌入闸门井污雨水中的惠源公司人员吴某和随后赶来的施救人员田某，自我保护意识差，在没有采取任何防范措施的情况下，直接下入7.9 m深的闸门井中盲目施救，是导致事故扩大的直接原因。

3）某建筑安装工程有限公司施工人员在前期工程施工过程中，对原雨水管线虽然进行了两道封堵，但是，对南侧来水井封堵不彻底，是造成封堵墙拆除施工中危险程度加大的直接原因。

（2）间接原因

1）油田建设集团公司市政建设工程处部分雨水提升站工程项目部在工程施工过程中，虽然与分包商签订有《苏北路雨水改造工程施工安全协议书》，但对其具体执行情况没有进行落实，对作业人员没有进行有针对性的安全教育培训。安全技术交底内容不全面，现场监督管理不力，对违章制止不力，是造成事故发生的主要原因。

2）油田建设集团公司市政建设工程处《部分雨水提升站工程项目》施工组织

设计针对性不强,工程安全风险分析不全面,没有制定有针对性的事故经济预案,未办理《项目开工安全许可证》《进入受限空间作业许可证》等直接作业环节的相关许可票证,是造成事故发生的重要原因。

七、某企业清理暗井 H_2S 中毒事故

1. 事故经过

2002年6月6日,某企业根据与当地某企业签订的《临时用工协议》,由当地某企业安排三名员工在装置区清理排污暗井(半径0.7 m,井深1.3 m)底部污泥时,由于搅动暗井底部污泥,使硫化氢气体溢出,造成一名民工在暗井内轻度中毒。

2. 事故原因分析

(1)直接原因

该名工人未佩戴在任何防护器材长时间在暗井内作业,因吸入含硫化氢的空气而轻度中毒。

(2)间接原因

1)对暗井底部污泥中有毒气体危害性认识不够,污泥搅动后溢出有毒气体沉积在暗井底部。

2)未按照《进入有限空间作业管理规定》采取控制措施,在施工作业工程中没有落实人员进行现场监护。

3. 事故教训及防范措施

(1)加强对外来施工人员的安全教育,对具体施工项目双方应进行安全技术交底。

(2)在坑、沟、池和封闭容器等有限空间内作业时必须严格执行《进入有限空间作业管理规定》。

(3)加大对施工作业现场的安全监督管理,及时发现,纠正"三违"行为。

八、洗井过程中 H_2S 中毒事故

1. 事故经过

2005 年 10 月 12 日晚上,某油田修井人员在对沧县境内的一口油井进行洗井作业时,突发 H_2S 中毒事故。造成 3 人死亡,包括附近村民在内的 15 人送医院救治。工人洗井所使用的除垢剂与油井里的一些物质混合后,产生 H_2S 气体。

2. 事故原因分析

(1)直接原因

H_2S 中毒是此次事故中工人伤亡的主要原因。当时工人一边用泵车从油井内向方型罐内打水,一边掺入除垢剂等化学品,混合后,产生大量的 H_2S 气体。

(2)间接原因

1)作业人员缺乏 H_2S 防护知识,对有害气体的危害的严重性认识不足。重点要突出岗位安全生产培训,使每个职工都能熟悉了解本岗位的职业危害因素、防护技术及救护知识,教育职工正确使用个体防护用品,教育职工遵章守纪。

2)洗井时所使用的除垢剂在与油井里的一些物质混合后产生硫化氢气体发生中毒,国外资料有过这方面的报道,在洗井设计时没有做这方面的考虑是发生事故的主要原因。

参考文献

[1] 李俊荣,左柯庆等.含硫油气田硫化氢防护系列标准宣贯教材[M].北京:石油工业出版社,2005.

[2] 含硫化氢油气井安全钻井推荐作法(SY/T 5087—2005).北京:石油工业出版社,2005.

[3] 含硫化氢的油气生产和天然气处理装置作业推荐作法(SY/T 6137—2005).北京:石油工业出版社,2005.

[4] 含硫化氢油气井井下作业推荐作法(SY/T 6610—2005).北京:石油工业出版社,2005.

[5] 含硫油气田硫化氢监测与人身安全防护规程(SY/T 6277—2005).北京:石油工业出版社,2005.

[6] 何生厚等.高含硫化氢和二氧化碳天然气田开发工程技术[M].北京:中国石化出版社,2008.

[7] 张初阳等.采油作业人员 HSE 培训教材[M].北京:中国石化出版社,2009.

[8] 刘铁岭等.集输作业人员 HSE 培训教材[M].北京:中国石化出版社,2009.

[9] 石油天然气安全规程,AQ2012—2007.北京:石油工业出版社,2005.

[10] 杨延美,林波,潘积鹏等.硫化氢防护培训教材[M].北京:中国石化出版社,2011.

[11] 吴珂,陶雪文,杜向阳等.常见硫化氢中毒事故及防范措施[J].知识研发,

2011:48-50.

[12] Qi Guisheng;Liu Youzhi;Jiao Weizhou. Study on Industrial Application of Hydrogen Sulfide Removal.

by Wet Oxidation Method with High Gravity Technology [J]. China Petroleum Processing and Petrochemical Technology,2011,4(13):29-34.

[13] 张颖,阚振江,江浩等.油气田开发中 H_2S 成因及其生物治理方法初探[J].石油化工安全环保技,2010,5(26):60-64.

[14] 周军.急性职业性硫化氢中毒防治对策的探讨[J].职业健康,2011,11(6):45-46.

[15] 闫长秀,闫俊杰,沙娟芳.油田钻井过程中硫化氢的监控与应急分析[J].企业技术开发,2012,1(31):80-81.